跟技能大师学数控车削编程

主　　编　文照辉　　桂志红
参　　编　欧阳黎健　彭　博　张利好　邹　毅
　　　　　常文卫　　文　献　张克昌　张　谦
主　　审　尹子文　　周培植

机 械 工 业 出 版 社

本书由一批长期在生产一线工作的、经验丰富的资深专家和工程技术人员编写，内容紧密结合生产实际，力求重点突出、少而精，做到图文并茂，知识讲解深入浅出，并根据《国家职业技能标准　车工》的要求，指导实际操作训练，做到技术精巧，注重细节，循序渐进，通俗易懂，便于培训学习。本书主要介绍了数控车削编程基础和数控车削编程实例。其中，数控车削编程实例是全书的重点，分为数控车工（中级）编程实例、数控车工（高级）编程实例、数控车工（技师）编程实例、数控车工复杂零件编程实例四个部分。

本书既可作为职业技能鉴定培训机构、企业培训部门及职业院校的培训教材，又可作为数控车工职业技能鉴定考前辅导用书，还可作为工程技术人员的参考资料。

图书在版编目（CIP）数据

跟技能大师学数控车削编程/文照辉，桂志红主编 . —北京：机械工业出版社，2020.8（2022.1重印）
ISBN 978-7-111-65931-0

Ⅰ.①跟…　Ⅱ.①文…　②桂…　Ⅲ.①数控机床—车削—程序设计
Ⅳ.①TG519.1

中国版本图书馆CIP数据核字（2020）第110534号

机械工业出版社（北京市百万庄大街22号　邮政编码100037）
策划编辑：王晓洁　责任编辑：王晓洁
责任校对：张晓蓉　封面设计：马精明
责任印制：邸　敏
北京盛通商印快线网络科技有限公司印刷
2022年1月第1版第2次印刷
184mm×260mm·8.25印张·200千字
1501—2500册
标准书号：ISBN 978-7-111-65931-0
定价：39.80元

电话服务　　　　　　　　　网络服务
客服电话：010-88361066　　机　工　官　网：www.cmpbook.com
　　　　　010-88379833　　机　工　官　博：weibo.com/cmp1952
　　　　　010-68326294　　金　书　网：www.golden-book.com
封底无防伪标均为盗版　机工教育服务网：www.cmpedu.com

前　言

随着近年来科学技术和工业经济的飞速发展，人们对数控车削技术的需求日益增多，对数控车削技术的研究也随之深入。数控车削技术在航空、航天、轨道交通车辆、汽车制造、机械制造、船舶、化学工业及建材工业中已大量应用。特别是发展高速铁路车辆、地铁车辆、轻轨等，数控车削技术的应用将越来越广泛。为了推动数控车削人才队伍的发展壮大，有必要编写较完整并适用于数控车削技术工人培训的教材。目前，虽然有关数控车削编程的书很多，但大多数是理论性的教学用书，真正针对数控车削加工实际问题的图书却很少，因此我们编写了本书。

本书由中车株洲电力机车有限公司技师协会组织一批长期在生产一线工作的技能大师和工程技术人员编写，邀请"中车高铁工匠"、中车数控车首席技能专家文照辉和中车车工首席技能专家桂志红担任主编。本书内容紧密结合生产实际，力求重点突出、少而精，做到图文并茂，知识讲解深入浅出，并根据《国家职业技能标准　车工》的要求，指导实际操作训练，做到技术精巧，注重细节，循序渐进，通俗易懂，便于培训学习。

全书由文照辉、桂志红担任主编，欧阳黎健、彭博、张利好、邹毅、常文卫、文献、张克昌、张谦参加编写。全书由尹子文、周培植主审。本书的编写得到了中车株洲电力机车有限公司人力资源部和工会、中车株洲电机有限公司的大力支持和帮助，在此表示衷心感谢。

鉴于数控车削技术仍处于发展中，还需要大家进一步探索和验证，加上编者水平有限，书中难免存在不足之处，恳请广大读者批评指正。

编　者

跟大师学数控车削编程理论

本章主要介绍数控车削编程中的通用知识。第1.1节主要介绍数控车削编程的方法、步骤和程序结构；第1.2节介绍数控车削常用的编程指令功能、模态和非模态指令；第1.3节主要介绍数控车削子程序的使用方法和实例分析；第1.4节主要介绍宏程序的基本概念以及宏程序的分类；第1.5节介绍变量的表示和使用；第1.6节主要介绍运算符与表达式；第1.7节主要介绍程序流程控制；第1.8节主要介绍非圆曲线编程实例。通过对本章的学习，能够对数控车削编程有一定的了解，掌握编程的基础知识。

1.1 数控车削编程简介

数控编程是数控加工准备阶段的主要内容之一，通常包括分析零件图样，确定加工工艺过程，计算刀具轨迹，编写数控加工程序，制作控制介质，校对程序及首件试切。数控编程是指从零件图样到获得数控加工程序的全过程。

1.1.1 数控车削的编程方法

数控编程可分为手工编程和计算机辅助编程（自动编程）两种方法。

1. 手工编程

手工编程是指从零件图样分析、工艺处理、数据计算、编写程序单、输入程序到程序校验等步骤主要由人工完成的编程过程。它适用于几何形状不太复杂的零件加工，以及计算较简单、程序段不多、编程易于实现等场合。本书以手工编程为主，讲解数控编程的知识与技巧。手工编程有两大"短"原则：

1）零件加工程序要尽可能短，尽可能使用简化编程指令编制程序。一般来说，程序越简短，编程人员出错的概率越低。

2）零件的加工路线要尽可能短，这主要包括两个方面：切削用量的合理选择和程序中空走刀路线的选择。合理的加工路线对提高零件的生产效率有非常重要的作用。

2. 自动编程

自动编程即程序编制工作的大部分或全部由计算机完成，可以有效地解决复杂零件的加工问题，效率高，程序的正确性好，也是数控编程未来的发展趋势。但是手工编程是自动编程的基础，自动编程中许多核心经验都来源于手工编程，二者相辅相成。

1.1.2 编制程序的步骤

数控车削的加工过程如图1-1所示。编程人员拿到零件图样后，首先应准确地分析零件图样表述的各种信息，主要包括零件几何形状的分析，以及零件尺寸精度、形状精度、表面结构、表面精度的分析；其次根据图样分析的结果确定工艺流程，包括加工设备的选择，工艺路线的确定，工装夹具、刀具、量具的选择以及切削参数的正确选择等；再次是相关数据的计算、加工程序的编制、程序的输入；最后是程序校验和首件试切削，首件评审合格后方可量产。

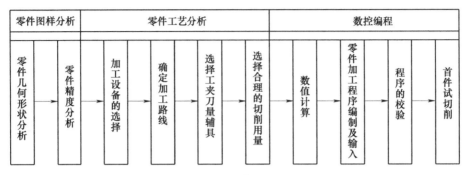

图 1-1　数控车削的加工过程

编制数控程序一般可分为以下六个步骤：

（1）分析零件图　对零件轮廓进行分析，包括对零件的尺寸精度、几何精度、表面结构、技术要求进行分析，以及对零件材质、热处理等要求进行分析。

（2）确定加工工艺　选择合理的加工方案，选择尽可能短的走刀路线，选择合理的刀具、量具，选择各项切削参数，选择定位与夹紧方式，选择对刀点、换刀点等。

（3）数值计算　根据零件的几何尺寸、加工路线计算出零件轮廓上的几何要素的起点、终点及圆弧的圆心坐标等。

（4）编写加工程序　在完成上述三个步骤后，按照数控系统规定使用的功能指令代码和程序段格式，编写正确的加工程序单。

（5）程序输入　简单的数控程序直接采用手工输入机床。现在大多数程序采用软键盘、移动储存器、硬盘作为储存介质，采用计算机输入机床。

（6）检验程序与首件试切　利用数控系统提供的图形显示功能，检查刀具轨迹的正确性，最后对工件进行首件试切，分析误差产生的原因并及时修正，直到试切出合格零件后才能批量生产。

1.1.3　数控加工程序的结构

完整的程序一般是用程序名作为程序头的开始标记，程序主体，用程序结束指令标志程序的结束。程序由若干行程序段组成，一个程序段又由若干个"字"组成。一个字母和几位数字组成一个程序块，这种程序块称为一个"字"，其中每个字中的字母称为"地址符"，数字或符号称为"数值字"。地址符主要包括 N，G，M，T，S，F，X，Y，Z，I，J，K 等。每个地址字都有它的特定含义。

1.2　数控车削的编程指令

本节主要介绍 FANUC 数控系统编程代码，以及对常用代码进行详细讲解，包括准备功能 G 代码、辅助功能 M 代码、主轴功能 S 代码、刀具功能 T 代码和进给功能 F 代码等。本节内容适合于系列的 FANUC 数控系统，如 0i、0TD、Mate0 等系列系统。

1.2.1　指令简介

1. 准备功能（G 功能）

准备功能又称"G 功能"（或"G 代码"），是用来指令数控机床工作方式的一种命令。G 代码由地址符 G 和其后的两位数字组成（00~99），从 G00 到 G99 共 100 种，用来指令机床不同的动作，如用 G01 来指令运动坐标的直线进给。

目前，国内外的数控车床 G 代码广泛使用 ISO 代码，但其标准化程度不高，指定功能代码少，不能用于其他功能的代码，而不指定代码（指在将来有可能规定其他功能的代码）和永不指定代码（指在将来也不指定其功能的代码）的数控系统 G 代码功能并非一致，使得不同数控系统的编程差异较大，故必须按照所用数控系统说明书的具体规定来使用。

2. 辅助功能（M 功能）

辅助功能又称"M 功能"（或"M 代码"），用以指令数控机床中辅助装置的开关动作或状态，辅助功能是用地址符 M 加两位数字一并使用。FANUC 0i MATE-TB 数控系统的 M 代码和功能之间的关系由机床制造商决定，一般遵循 ISO 标准。常用的 M 代码有：M00（程序停止）、M01（程序有条件停止）、M02（程序结束）、M03（主轴正转）、M04（主轴反转）、M05（主轴停止）、M08（切削液开）、M09（切削液关）、M30（程序结束并返回程序开始位置）、M98（子程序调用）、M99（子程序结束）等。

3. 主轴功能（S 功能）

主轴转速指令功能，由地址符 S 及其后面的数字表示，经济型数控车床一般用后续数字直接表示其主轴的给定转速（r/min），另外，对于具有恒线速度切削功能的数控车床，其加工程序中的 S 功能既可指令恒定转速（r/min），也可指令车削时的恒定线速度（m/min），即在车削时，其主轴转速随着车削直径的变化而自动变化，始终保持线速度为给定的恒定值。

例如：G96 S18，表示切削速度为 18m/min；G97 S1200，表示主轴转速为 1200r/min。

对于主轴功能的具体使用，还要参考相应的数控系统说明书。

4. 刀具功能（T 功能）

刀具功能又称"T 功能"，用于指令加工过程中所用刀具号及自动补偿编组号的地址字，其自动补偿内容主要是指刀具的位置偏差及刀具半径补偿。在数控车床中，其地址符 T 的后续数字主要有以下两种规定：

（1）两位数规定　如经济型数控系统中，采用两位数的规定，首位数字一般表示刀具号，常用 0~8 共 9 个数字，其中 0 表示不转刀；末位数字表示刀具补偿的编组号，常用 0~8 共 9 个数字，其中 0 表示补偿量为零。

例如：T23，表示将 2 号刀转到切削位置，并执行第 3 组刀具补偿值。

（2）四位数的规定　对于刀具较多的数控车床或车削中心，其数控系统一般规定，其后续数字为四位数，前两位为刀具号，后两位为刀具补偿的编组号或同时为刀尖圆弧半径补偿的编组号。

例如：T0203，表示将 2 号刀转到切削位置，并执行第 3 组刀具补偿值。

5. 进给功能（F功能）

在零件加工过程中，用指定的速度来控制刀具相对于工件移动的距离称为"进给"。决定速度的功能称为"进给功能"，也称"F功能"（或"F代码"）。对于数控车床，其进给的方式可以分为：每分钟进给和每转进给两种。

（1）每分钟进给量 即刀具相对于工件每分钟移动的距离，单位为 mm/min，与车床转速的高低无关，其移动速度不随主轴转速的变化而变化。其与普通车床的进给量概念有区别，用 G98 代码指令。现在大多数经济型数控车床都采用这种进给方式来指令。

（2）每转进给量 即车床主轴每转一圈，刀具相对于工件的移动距离，单位为 mm/r，用 G99 指令配合后面的 F __ 来表示当前的进给量，例如 G99 F0.3，表示主轴每转一圈，刀具沿进给方向移动 0.3mm，与普通车床的进给量的概念完全相同。其进给的速度随主轴转速的变化而变化。

1.2.2 模态与非模态指令

G 指令和 M 指令均有模态和非模态指令之分。模态指令又称"续效指令"，按功能分为若干组，模态指令一经程序段中指定，便一直有效，直到出现同组另一个指令或被其他指令取消时才失效，如 G01，G41，G42，M03 以及 F、S 等。与上一段相同的模态指令可省略不写。

非模态指令又称"非续效指令"，仅在出现的程序段中有效，下一段程序需要时必须重写（如 G04）。非模态指令是指只在本程序段中才有效，通俗一点讲就是一次性的，如 M00。

1.3 子程序编程

数控加工程序可以分为主程序和子程序两种。其中，主程序是一个完整的零件加工程序，或者是零件加工程序的主体部分。它与被加工零件或加工要求一一对应，不同的零件或不同的加工要求，都有唯一的主程序与之对应。在编制加工程序时，有时会遇到一组程序段在一个程序中多次出现，或者在几个程序中都要使用它，这个典型的加工程序段可以做成固定程序，并单独命名，这组程序就称为"子程序"。

子程序分为用户子程序和机床制造商所固化的子程序（公司子程序）两种。在加工过程中，要先将子程序存入存储器中，然后根据需要调用，这样可以使程序变得更简单。

1.3.1 子程序的编程方法

1. M98——子程序调用

格式1 M98 P××××

说明 P 地址后一般跟 7 位数字，其中前三位表示子程序调用循环的次数，后四位表示调用子程序的名字。例如："M98 P0023001"表示重复调用 O3001 的子程序两次。也可以使用 6 位数字表示 P 地址，即将循环次数少写一位，如"M98 P023001"。当不指定循环次数时，表示子程序只调用一次。

格式2 M98 P×××× L××××

说明 其中，地址符 P 后面的四位数字是子程序名，地址符 L 后面的数字表示重复调用的次数，此格式中子程序名和调用次数前面的 0 可以省略不写。如果只调用一次子程序，那么地址符 L 及其后面的数字均可省略不写。

2. M99——子程序结束

M99 的功能是调用子程序结束后返回主程序。

子程序结束返回到主程序中的某一个程序段,如果在子程序结束返回指令中加上 P××,则子程序结束后返回到主程序中××的那个程序段,而不返回 M98 的下一个程序段。其程序格式如下:

O××××　　　　子程序名

………　　　　子程序内容

M99 P100　　　子程序结束并返回主程序的 N100 程序段

1.3.2　子程序的编程实例

如图 1-2、图 1-3 所示,由于工件上有 3 个宽度、深度均相同的槽,因此可采用子程序方式进行编程,可达到简化编程的目的。切刀宽度为 4mm,切刀左侧刀尖为刀位点。分析图样后发现,槽 1 和槽 2 可找到其相对位置关系,刀具首先定位到 Z5mm 的位置,调用一次子程序即可完成加工,槽 3 单独使用子程序加工,切完槽 1 和槽 2 后,Z 向正方向移动7.0mm,再调用子程序加工槽 3。参考程序及注释见表 1-1。

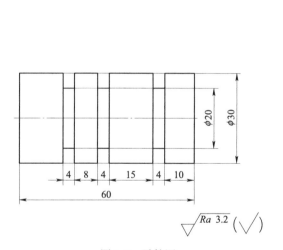

图 1-2　零件图

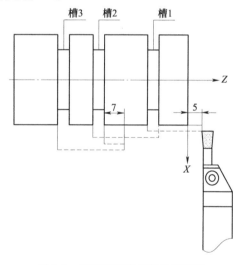

图 1-3　调用子程序切削轨迹路线

表 1-1　参考程序及注释

O0011		主程序名	O0096		子程序名
N10	T0202　M03　S500;	调用车刀,$n=500r/min$	G00　W-19		移到切槽位置
N20	G00　X32　Z5	快速定位	G01　X20　F0.08		切槽
N30	M98　P20096	调用两次子程序	G04　X2		槽底暂停 2s
N40	G00　W7	定位刀第三个槽的起刀点	G00　X32		快速退刀
N50	M98　P0096	调用子程序,加工第三个槽	M99		子程序结束
N60	G28　X100　Z100	回零			
N70	M30	程序结束			

技能大师经验谈：

程序 N40 程序段中让刀具往 Z 轴正方向移动 7mm，主要是为了满足子程序中对于 Z 轴 "G00 W-19.0" 的定位要求。

> · 提示 ·
>
> 子程序和主程序的命名方式没有区别，子程序无须定义子程序开始指令，但子程序必须以 M99 指令表示结束返回。
>
> 简单的切槽至少包含三段程序：进刀、槽底暂停以及退刀。例如：O0011 程序将三段程序编写在子程序中，能明显缩短程序段数。

1.4 宏程序简介

1.4.1 宏程序的概念

以一组子程序的形式存储并能够实现变量的程序称为"用户宏程序"，简称"宏程序"。调用宏程序的指令称为"用户宏程序指令"，或"宏程序调用指令"（简称"宏指令"）。

简单地说，宏程序是一种具备计算能力与决策能力的数控程序。在编程时，经常把能够完成某一功能的一系列指令像子程序那样存入存储器中，用一个总指令来调用它们，在使用时只需要给出这个总指令就能够执行存入的这一系列指令，这个总指令称为"用户宏程序调用指令"，简称"宏指令"。在编程时，编程人员只需要记住宏指令，而不必记住宏程序。

1.4.2 用户宏功能的分类

用户宏功能目前分为 A、B 两类。

A 类宏用 "G65 H×× P#×× Q#×× R#××" 或 "G65 H×× P#×× Q×× R××" 格式输入。其中，××用数值表示，单位为 μm。

B 类宏程序与 C 语言相似，是直接以公式和语言输入的。目前，大多数数控系统均采用 B 类宏程序来编程，其主体的编写格式与子程序的格式相同。在用户宏程序主体中，可以使用普通的 NC 指令，采用变量的 NC 指令、运算指令和控制指令。

1.4.3 用宏程序编程的作用

（1）降低计算难度　总的来说，数控系统为用户配备了强有力的类似于高级语言的宏程序功能，用户可以使用变量进行算术运算、逻辑运算和函数的混合运算。此外，宏程序还提供了循环语句、分支语句和子程序调用语句，利于编制各种复杂的零件加工程序，可减少乃至免除手工编程时需要进行烦琐的数值计算。

（2）保证加工质量　与自动编程相比，在某些场合采用宏程序可更稳定地保证加工质量。这是因为自动编程生成的程序比较烦琐，加工一个简单的产品就会有成百上千甚至高达数万行的程序，而机床内部程序的存储空间是非常有限的。

（3）具备多功能性

1）非圆曲线的拟合处理加工。由于宏程序引入了变量和表达式，兼具函数功能，具有实时动态的计算能力，因此非常适合用数学公式描述的抛物线、椭圆、双曲线、正（余）弦曲线等没有插补指令的非圆曲线的编程。

2）可以完成图形一样、尺寸不同的系列相似零件的编程。

3）适合工艺路径一样、位置参数不同的系列零件的编程。

4）具有一定决策能力，能根据条件选择性地执行某些部分。

5）能扩展应用范围，精简程序主体，适合于复杂零件加工的编程。

1.5　变量的表示和使用

1.5.1　变量

在常规的主程序和子程序内，总是将一个具体的数值赋给一个地址。为了使程序更加具有通用性、灵活性，在宏程序中设置了"变量"。在使用变量前，变量必须带有正确的值。

（1）变量的表示　在宏程序中，一个变量由"#"号后面紧跟 1~4 位数字表示，如#1，#50，#101，#[#10+#20+#30]。变量的作用可以用来代替程序中的数据，如尺寸、刀补号、G 指令编号。同时，变量的使用也给程序的编制带来了极大的灵活性。此外，变量还可以用"表达式"进行表示，但其表达式必须全部写入方括号"[　]"中。

（2）变量的引用　将跟随在地址符后的数值用变量来代替的过程称为"引用变量"。同样，引用变量也可以用表达式。

（3）变量的类型　根据变量号，宏变量可分成 4 种类型，见表 1-2。

表 1-2　宏变量的 4 种类型

变量号	变量类型	功　　能
#0	空变量	该变量总是空，任何值都不能赋给该变量
#1~#33	局部变量	局部变量只能在宏程序内部使用，用于保存数据，如运算结果等。当电源关闭时，局部变量将被清空，而当宏程序须被调用时，（调用）参数将被赋值给局部变量
#100~#149/#199 #500~#549/#999	全局变量	全局变量可在不同的宏程序之间共享，当电源关闭时，#100~#149 将被清空，但#500~#531 的值仍保留。在某一运算中，#150~#199 和#532~#999 的变量可被使用
#1000~#9999	系统变量	系统变量可读、可写，用于保存 NC 的各种数据项，例如当前的工件坐标系中的位置和刀具偏置数据

注：全局变量#150~#199 和#532~#999 是选用变量，应根据实际系统使用

1.5.2　局部变量

编号#1~#33 的变量是在宏程序中局部使用的变量。当宏程序 C 在调用宏程序 D 时，如果二者都有变量#1，由于变量#1 服务于不同的局部，宏程序 C 中的#1 与宏程序 D 中的#1 不是同一个变量，因此可以赋予不同的补偿数值，且相互不受影响。当关闭电源时，局部变量被初始化成"空"。调用宏程序时，自变量分配给局部变量。局部变量的作用范围仅限于当

前程序（在同一个程序号内）。

例如：O1000；

N1　#3＝35；　　　主程序中#3 为 35

M98　P1001；　　　进入子程序后#3 不受影响

#4＝#3；　　　　　#3 仍为 35，所以#4＝35

M30；

O1001；

#4＝#3；　　　　　这里的#3 不是主程序中的#3，所以#3＝0（没定义），则#4＝0

#3＝18；　　　　　这里使#3 的值为 18，不会影响主程序中的#3

1.5.3　全局变量

全局变量贯穿于整个程序过程，它可以在不同的宏程序之间共享。当宏程序 C 在调用宏程序 D 时，假如二者都有变量#100，由于#100 是全局变量，因此 C 中的#100 与 D 中的#100 是同一个变量。关闭电源时，变量#100～#149 被初始化成"空"，而变量#500～#531 保持数据。

由于全局变量的作用范围是整个零件程序，因而不管是主程序还是子程序，只要名称或编号相同就是同一个变量，带有相同的值，在某个地方修改它的值，所有其他地方都受影响。

例如：O2000；

N10　#100＝30；　　　先使#100 为 30

M98　P1001；　　　进入子程序

#4＝#100；　　　　#100 变为 18，所以#4＝18

M30；

O1001；

#4＝#100；　　　　#100 的值在子程序内也有效，所以#4＝30

#100＝18；　　　　这里使#100＝18，然后返回

M99；

如果系统内仅仅只有全局变量，由于变量名不能够重复，就会造成有限的变量名不够用。全局变量在任何地方都可以改变它的赋值，这既是它的优点，也是它的缺点。有利的一面，它对参数的传递非常方便；不利的一面，因为当一个数控程序非常复杂时，如果在某个地方用了相同的变量名，就会改变它的赋值，造成程序混乱。局部变量的使用，可有效地解决因相同变量名而产生的冲突问题，在编制子程序时，就不需要再去考虑其他地方是否已经用过某个变量名。

1.5.4　系统变量

可以用系统变量对 CNC 内部的数据进行读和写，如当前工件坐标系中的位置和刀具偏置数据。有些系统变量只能读。系统变量对编写自动化程序和通用程序十分重要。具体为：关于当前位置信息的系统变量，不可以写，但可以读；关于工件坐标系偏置值的系统变量，既可以读，又可以写。

关于刀具偏置值的变量：用系统变量可以读和写刀具补偿值，可用的变量数目取决于偏置对的数目。当偏置对的数目不大于 200 时，变量#2001~#2400 也可以使用。

有时候需要判断系统的某个状态，以便程序进行相应的处理，就要用到系统变量。具体变量号请参照机床说明书。

1.6　运算符与表达式

1.6.1　算术运算符

算术运算符见表 1-3。

表 1-3　算术运算符

功　　能	格　　式
定义	#i＝#j
加法	#i＝#j+#k
减法	#i＝#j-#k
乘法	#i＝#j＊#k
除法	#i＝#j/#k

1.6.2　条件运算符

条件运算符见表 1-4。

表 1-4　条件运算符

宏程序运算符	含　　义
EQ	等于（＝）
NE	不等于（≠）
GT	大于（>）
GE	大于或等于（≥）
LT	小于（<）
LE	小于或等于（≤）

条件运算符用在程序流程控制 IF 和 WHILE 的条件表达式中，作为判断两个表达式大小关系的连接符。

注意：宏程序的条件运算符与计算机编程语言的条件运算符表达习惯不同。

1.6.3　逻辑运算符

在 IF 或 WHILE 语句中，如果有多个条件，用逻辑运算符来连接多个条件。

AND（且）——多个条件同时成立才成立。

OR（或）——多个条件只要有一个成立即可。

NOT（非）——取反（如果不是）。

例如：［#1 LT 50］AND［#1 GT 20］表示［#1<50］且［#1>20］；［#3 EQ 8 OR #4 LE 10］表示［#3＝8］或者［#4≤10］。

存在多个逻辑运算符时，可以用方括号来表示结合顺序，例如：NOT［#1 LT 50 AND #1GT 20］表示如果不是"#1<50 且 #1>20"。更复杂的例子，如：［#1 LT 50］AND［#2GT 20 OR #3 EQ 8］AND［#4 LE 10］。

1.6.4　函数

函数见表1-5。

表 1-5　函数

功　能	格　式	备　注
正弦	#i＝SAN［#j］	
反正弦	#i＝ASIN［#j］	
余弦	#i＝COS［#j］	角度以度指定，单位是度（°），例
反余弦	#i＝ACOS［#j］	如：10°30′表示为 10.5°
正切	#i＝TAN［#j］	
反正切	#i＝ATAN［#j］／［#k］	
平方根	#i＝SQRT［#j］	表示 $\sqrt{\#j}$
绝对值	#i＝ABS［#j］	表示｜#j｜
上取整	#i＝FIX［#j］	采用去尾取整，非"四舍五入"
下取整	#i＝FUP［#j］	
指数函数	#i＝EXP［#j］	表示#j^2

1.6.5　表达式

包含运算符或函数的算式就是"表达式"。

（1）圆括号　表达式里用方括号来表示运算顺序。宏程序中不用圆括号，因圆括号是注释符。例如：

175/SQRT［2］＊COS［55＊PI/180］；

#3＊6 GT 14；

（2）方括号　表达式里常用方括号来控制运算顺序，更容易阅读和理解。优先顺序为：

方括号 → 函数 → 乘除 → 加减 → 条件 → 逻辑

（3）赋值号　把常数或表达式的值送给一个宏变量称为"赋值"，其格式如下：

宏变量＝常数或表达式

特别注意，赋值号后面的表达式里可以包含变量自身。

例如："#1＝#1+2"；表示把#1 的值与 2 相加，结果赋给#1。例如：#1 的值是 5，执行

"#1＝#1+2"后，#1 的值变为 7。

1.7　程序流程控制

程序流程的控制形式有很多种，通过判断某个"条件"是否成立来决定程序的走向。对变量或变量表达式的值进行大小判断的式子称为"条件表达式"。在程序中，使用 GOTO 语句和 IF 语句可以改变控制的流向，共有 3 种转移和循环操作可供使用：

1）GOTO 语句（无条件转移）。

2）IF 语句（条件转移，格式为：IF…ENDIF…）。

3）WHILE 语句（当……时循环）。

1.7.1　无条件转移（GOTO 语句）

GOTO 语句为无条件转移。当执行该程序段时，程序将无条件转移到标有顺序号 N××××的程序段。指定的程序段号范围为 1~9999，超出范围时，系统会出现 P/S 报警。GOTOn；（n 为程序中的顺序号，数值范围为 1~9999，需与程序中的 N 相对应）

例如：GOTO1000，表示转移到第 1000 行。

1.7.2　条件转移（IF 语句）

需要选择性地执行程序时，就要用 IF 命令，IF 之后指定条件表达式。

格式 1　条件成立则执行。

IF 条件表达式

　条件成立执行的语句组

ENDIF

功能：当条件成立时，将执行 IF 与 ENDIF 之间的程序，条件不成立则跳过。其中，IF、ENDIF 称为"关键词"，不区分大小写，IF 为开始标识，ENDIF 为结束标识。

格式 2　二选一，选择执行。

IF 条件表达式

　条件成立执行的语句组

ELSE

　条件不成立执行的语句组

ENDIF

例如：

IF ［#51　LT 20］；

　G91　G01　X10　F250；

ELSE；

　G91　G01　X35　F200；

ENDIF；

功能：若条件成立，则执行 IF 与 ELSE 之间的程序；若不成立，就执行 ELSE 与 ENDIF 之间的程序。

1.7.3 条件循环（WHILE 语句）

在 WHILE 后指定一个条件表达式。当指定的条件满足时，执行从 DO 到 END 之间的程序，否则，转到 END 后的程序段。

格式：

WHILE［条件表达式］DOn；（$n=1$，2，3）

　　条件成立循环执行的语句

ENDn

功能：当指定的条件满足时，执行 WHILE 后从 DO 到 ENDn 之间的程序，然后返回到 WHILE 再次判断条件，直到条件不成立才跳到 ENDn 后面。与 IF 语句的指令格式相同，DO 后的数和 END 后的数为指定程序执行范围的标号，标号值为 1、2、3。若用 1、2、3 以外的值会产生 P/S 报警。

1.7.4 嵌套

DO……END 循环中的标号（1~3）可根据需要多次使用。但是，当程序有交叉重复循环（DO 范围重叠）时，将出现 P/S 报警。

1.8 非圆曲线编程实例

技能大师经验谈：

1）在使用刀尖圆弧半径补偿功能 G41/G42 时，走刀步距需大于刀尖圆弧半径。

2）在应用时，注意判别刀沿位置与刀尖圆弧半径数值的输入。

3）手工编程时，粗车毛坯循环指令需用 G73 指令，不能用 G71 指令。

4）在编制程序时，宏表达式要对应因变量和自变量的关系，尤其要注意曲线不同方向表达式的符号选择。

5）自变量的选择。根据非圆曲线的形状要求，一般选取变化范围较大的轴作为自变量，FANUC 数控系统的自变量一般从#1~#200 选取。

1.8.1 实例 1：右椭圆轮廓的加工

1. 工艺分析

（1）分析零件图　按要求加工如图 1-4 所示的椭圆轮廓。材料为 45 钢，其中长半轴为 60mm，短半轴为 20mm，毛坯尺寸为 $\phi42mm \times 120mm$。该零件主要加工椭圆面。外圆和编制车削椭圆的宏程序，其中该椭圆的解析方程式为 $X^2/20^2 + Z^2/60^2 = 1$。

（2）分析加工难点

1）在椭圆坐标系中，其标准方程为 $X^2/a^2 + Y^2/b^2 = 1$。从图 1-5 中可以看出，椭圆轮廓的起点坐标为（X0，Z0），终点坐标为（X40，Z-60），所以适合采用绝对位置作为初始变量，具体为：以 Z 坐标作为自变量，X 坐标作为因变量，应用标准方程来表达椭圆上点的坐标。而对于 $X^2/20^2 + Z^2/60^2 = 1$ 的方程，并不是加工时需要，而需要得到的是"$X = \cdots$"或者"$Z = \cdots$"，所以需要把方程化简。

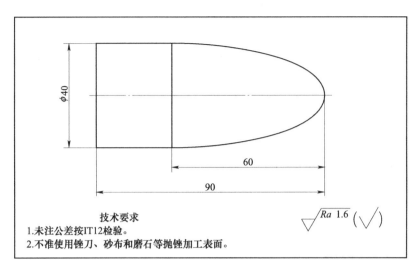

图 1-4 椭圆轮廓

化简步骤：

① 移项：$X^2/20^2 + Z^2/60^2 = 1 \rightarrow X^2/20^2 = 1 - Z^2/60^2$。

② 去分母：$X^2 = (1 - Z^2/60^2) * 20^2$。

③ 开方：$X = \sqrt{20 * 20 * (1 - Z * Z/60/60)} = 20\sqrt{1 - Z * Z/60/60}$。

注意：当自变量 Z 的值发生变化时，因变量 X 的值也会跟着发生变化，两者具有"因果"关系。在此需要说明的是，方程中的（X，Z）表示椭圆曲面上某个点的坐标值。

2）在 FANUC 数控系统中，由于 G71 指令本身就是数控系统厂家设置好的宏指令，因此在循环中无法使用椭圆等宏指令，为此，建议采用封闭轮廓复合循环指令 G73 来进行粗加工。加工时注意在 Z 轴方向的总加工余量一定要为零，精加工余量也要为零。

（3）分析加工方案

1）确定装夹方案 自定心卡盘夹持工件左端 $\phi42$mm 毛坯外圆，以保证伸出长度不低于 98mm，编程零点设在工件右端面的圆心位置，如图 1-5 所示。

2）位置点

① 换刀点：工件右端面的中心点为工件坐标原点，为了防止换刀时刀具与零件（或尾座）相碰，换刀时可设置在（X100，Z100）。

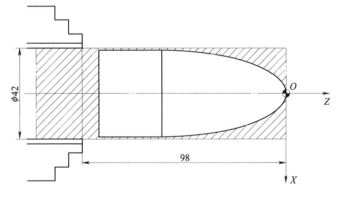

图 1-5 零件的装夹

② 起刀点：为了减少加工次数，循环的起刀点可以设置在（X45，Z2）。

3）安排加工路线 路线为：平端面→粗精车外圆→粗精车椭圆轮廓→定总长，保证长度 90mm→切断。

4）工序设计

① 此工件整体分为精车椭圆面和定总长两道工序。

② 由于毛坯直径为42mm，如果按照1.5mm的背吃刀量计算，总共需要加工14次。加工工步为：粗车端面及外轮廓→精车端面及外轮廓→切断。

③ "定总长"工序中，自定心卡盘夹住工件φ40mm外圆处，以保证工件的伸出长度为（10±1）mm，将工件总长车削至90mm并完成对φ40mm外圆处倒钝。

2. 选择刀具

加工端面及外圆表面需用硬质合金可转位车刀；切断工件需用切断刀。选定的刀具参数见表1-6。

表1-6　刀具参数

序号	刀具号	刀具名称及规格	数量	加工表面	刀尖圆弧半径/mm	备注
1	T0101	硬质合金可转位车刀（粗车）	1	端面及外圆	0.4	刀尖角35°
2	T0202	硬质合金可转位车刀（精车）	1	端面及外圆	0.4	刀尖角35°
3	T0303	切断刀	1	切断	0.4	刀宽3mm

3. 确定切削用量

该零件的切削用量见表1-7。

表1-7　切削用量

加工内容	背吃刀量/mm	转速/（r/min）	进给量/（mm/r）
粗车端面及外圆	1.5	1000	0.15
精车端面及外圆	0.25	1500	0.1
切断	3	500	0.05

4. 程序清单与注释

椭圆面加工程序的编制采用两种语句编程。其中，第一种采用IF判断语句进行编程，见表1-8；第二种采用WHILE…DO…语句进行编程，见表1-9。

表1-8　采用IF判断语句进行椭圆面加工的程序

	程　　序	注　　释
	O00001;	程序名
N10	T0101;	调用1#刀1#刀补
N20	M03　S1000;	主轴正转，S为1000r/min
N30	G00　X45　Z0.2;	刀具快速移动到φ45mm、Z轴0.2mm位置
N40	M08;	开启切削液
N50	G01　X-1　F0.15;	刀具以0.15mm/r的进给量车削端面
N60	G00　X45　Z2;	刀具快速移动到φ45mm、离工件端面2mm位置
N70	G73　U21　R14;	调用成形复合粗车循环指令编程，设置工件毛坯的直径方向加工余量为42mm，共计加工14刀

（续）

程　序		注　释
O0001；		程序名
N80	G73 P90 Q200 U0.5 W0.2 F0.15；	调用成形复合粗车循环指令编程，循环起始段号为N90，终止段号为N200，直径与长度方向分别留0.5mm与0.2mm精加工余量，粗车进给量为0.15mm/r
N90	G00 X0；	粗车循环起始程序段，刀具快速移动到X轴零点
N100	G01 Z0 F0.1；	刀具以0.1mm/r的速度工进至编程零点
N110	#1=60；	设置椭圆的长半轴
N120	#2=20；	设置椭圆的短半轴
N130	#3=0；	设置椭圆Z轴起始位置
N140	IF[#3 LT-60] GOTO 190；	判断条件是否满足，如果椭圆Z轴起始位置小于-60，就开始执行N190程序段
N150	#4=20*SQRT[#1*#1-#3*#3]/60；	#4表示椭圆上X轴的坐标点，半径值
N160	G01 X[2*#4] Z#3 F0.1；	用G01直线段加工椭圆，[2*#4]表示直径值
N170	#3=#3-0.2；	椭圆步距，每次递减0.2mm
N180	GOTO 140；	无条件转移
N190	G01 Z-96；	刀具工进至Z轴-96mm位置
N200	G01 U2；	粗车循环终点程序段，刀具直径方向往正方向加工2mm
N210	G00 X100 M09；	刀具快速移动到φ100mm位置，关闭切削液
N220	Z100；	刀具快速移动到Z轴安全位置
N230	M05；	主轴停止
N240	M00；	程序无条件暂停
N250	T0202；	调用2#刀2#刀补
N260	M03 S1500；	主轴正转，S为1500r/min
N270	G00 X45 Z0；	刀具快速移动到φ45mm、Z轴的编程零点位置
N280	M08；	开启切削液
N290	G01 X-1 F0.1；	刀具以0.1mm/r的进给量车削端面
N300	G00 X45 Z2；	刀具快速移动到φ45mm、离工件端面2mm位置
N310	G70 P90 Q200；	调用精车循环指令，循环的起始程序段号为N90，循环终点程序段号为N200
N320	G00 X100 M09；	刀具快速移动到φ100mm位置，关闭切削液
N330	Z100；	刀具快速移动到Z轴安全位置
N340	M05；	主轴停止
N350	M00；	程序无条件暂停
N360	T0303；	调用3#刀3#刀补
N370	M03 S500；	主轴正转，S为500r/min
N380	G00 X45 Z-92.2；	刀具快速移动到φ45mm、Z轴-92.2mm位置
N390	M08；	开启切削液

（续）

程　　序		注　　释
O0001；		程序名
N400	G01　X20　F0.05；	刀具以 0.05mm/r 的进给量车削至 φ20mm 位置
N410	G00　X200；	刀具快速移动到 φ200mm 位置
N420	G04　X3；	进给暂停 3s **技能大师经验谈：** 　此处暂停的主要目的是清理切屑
N430	G00　X45　Z-90.2；	刀具快速移动到 φ45mm、Z 轴-90.2mm 位置
N440	G01　X2　F0.05；	刀具以 0.05mm/r 的进给量车削至 φ2mm 位置
N450	G00　X100　M09；	刀具快速移动到 φ100mm 位置，关闭切削液
N460	Z200；	刀具快速移动到 Z 轴安全位置
N470	M05；	主轴停止
N480	M30；	程序结束

表 1-9　采用 WHILE…DO…语句进行椭圆面加工的程序

程　　序		注　　释
O0011；		程序名
N10	T0101；	调用 1# 刀 1# 刀补
N20	M03　S1000；	主轴正转，S 为 1000r/min
N30	G00　X45　Z0.2；	刀具快速移动到 φ45mm、Z 轴 0.2mm 位置
N40	M08；	开启切削液
N50	G01　X-1　F0.15；	刀具以 0.15mm/r 的进给量车削端面
N60	G00　X45　Z2；	刀具快速移动到 φ45mm、离工件端面 2mm 位置
N70	G73　U21　W0　R14；	调用成形复合粗车循环指令编程，设置工件毛坯直径的加工余量为 42mm，共计加工 14 刀
N80	G73　P90　Q180　U0.5　W0.2　F0.15；	调用成形复合粗车循环指令编程，设置循环起始段号为 N90，终止段号为 N180，直径与长度方向分别留 0.5mm 与 0.2mm 精加工余量，粗车进给量为 0.15mm/r
N90	G00　X0；	粗车循环起始程序段，刀具快速移动到 X 轴零点
N100	G01　Z0　F0.1；	刀具以 0.1mm/r 的进给量工进至编程零点
N110	#1 = 0；	椭圆 Z 轴起始位置
N120	WHILE［#1GE-60］DO1；	判断条件是否满足，当椭圆 Z 轴起始位置大于或等于-60 时，就循环 DO1 到 END1 之间的程序
N130	#2 = 20 * SQRT［1-#1 * #1/60/60］；	#2 表示 X 轴的坐标点，半径值
N140	G01　X［2 * #2］　Z#1　F0.1；	用 G01 直线段加工椭圆，［2 * #2］表示直径值
N150	#3 = #3-0.2；	椭圆步距，每次递减 0.2mm

（续）

程 序		注 释
	O0011；	程序名
N160	END1；	一旦条件不满足，就自动执行 END1 下面一行的程序
N170	G01 Z-96；	刀具工进至 Z 轴-96mm 位置
N180	G01 U2；	粗车循环终点程序段，刀具直径方向往正方向加工 2mm
N190	G00 X100 M09；	刀具快速移动到 φ100mm 位置，关闭切削液
N200	Z100；	刀具快速移动到 Z 轴安全位置
N210	M05；	主轴停止
N220	M00；	程序无条件暂停
N230	T0202；	调用 2# 刀 2# 刀补
N240	M03 S1500；	主轴正转，S 为 1500r/min
N250	G00 X45 Z0；	刀具快速移动到 φ45mm、Z 轴的编程零点位置
N260	M08；	开启切削液
N270	G01 X-1 F0.1；	刀具以 0.1mm/r 的进给量车削端面
N280	G00 X45 Z2；	刀具快速移动到 φ45mm、离工件端面 2mm 位置
N290	G70 P90 Q180；	调用精车循环指令，循环起始程序段号为 N90，循环终点程序段号为 N180
N300	G00 X100 M09；	刀具快速移动到 φ100mm 位置，关闭切削液
N310	Z100；	刀具快速移动到 Z 轴安全位置
N320	M05；	主轴停止
N330	M00；	程序无条件暂停
N340	T0303；	调用 3# 刀 3# 刀补
N350	M03 S500；	主轴正转，S 为 500r/min
N360	G00 X45 Z-92.2；	刀具快速移动到 φ45mm、Z 轴-92.2mm 位置
N370	M08；	开启切削液
N380	G01 X20 F0.05；	刀具以 0.05mm/r 的进给量车削至 φ20mm 位置
N390	G00 X200；	刀具快速移动到 φ200mm 的位置
N400	G04 X3；	进给暂停 3s（此处暂停的主要目的是清理切屑）
N410	G00 X45 Z-90.2；	刀具快速移动到 φ45mm、Z 轴-90.2mm 位置
N420	G01 X2 F0.05；	刀具以 0.05mm/r 的进给量车削至 φ2mm 位置
N430	G00 X100 M09；	刀具快速移动到 φ100mm 位置，关闭切削液
N440	Z200；	刀具快速移动到 Z 轴安全位置
N450	M05；	主轴停止
N460	M30；	程序结束

技能大师经验谈：

变量判断或者决策常用的多种方法，都可以达到相同的编程目的。本实例中分别运用了 IF 和 WHILE 判断语句进行宏程序编程，其不同之处在于：IF 语句是先执行循环体，然后作出判断；WHILE 语句是先执行条件判断，然后再执行循环体。

1.8.2 实例2：凹椭圆轮廓的加工

1. 工艺分析

（1）分析零件图 如图1-6所示的椭圆轮廓外形零件，其毛坯外圆及端面已加工成形，工件材料为45钢，零件尺寸为$\phi 40 \times 65$mm。该零件主要加工两端对称中心外圆椭圆面及编制车削椭圆的宏程序，其中该椭圆的解析方程式为$X^2/a^2 + Y^2/b^2 = 1$。

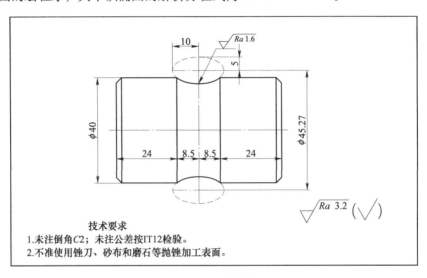

图1-6 凹椭圆

（2）分析加工难点

1）分析：椭圆的标准方程为$X^2/a^2 + Y^2/b^2 = 1$，此例题中，椭圆的长半轴与Z轴对应，长为10mm，短半轴与X轴对应，长为5mm。鉴于本例中的椭圆轮廓起点不在零件右端面起始位置，而位于零件中间部位，需计算椭圆起点坐标。从图中可得知，Z轴的起点坐标值为8.5，终点坐标值为-8.5，Z值变化范围是（$-8.5 \sim 8.5$）。所以选择Z坐标为初始变量，应用标准方程表达椭圆上点的坐标。

2）本例题中，编程零点设在工件椭圆圆心位置。编程思路与上一例题大致相当，故在此仅编制椭圆轮廓的精加工程序。

（3）分析加工方案

1）确定装夹方案 自定心卡盘夹住工件左端$\phi 40$mm外圆，夹持长度约为10mm，并用百分表找正工件。编程零点设在零件两端的对称中心线和轴心线上，如图1-7所示。

2）位置点

① 换刀点：工件右端面中心点为工件坐标原点，为了防止换刀时刀具与零件（或尾座）相碰，换刀时可设置在（X200，Z100）。

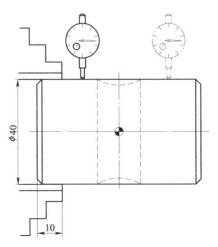

图1-7 工件的装夹和校正

② 起刀点：为了减少加工次数，循环的起刀点可以设置在（X45，Z8.5）。

2. 选择刀具

精车刀具选择 35°硬质合金可转位机夹外圆车刀。选定的刀具参数见表1-10。

表 1-10　刀具参数

序号	刀具号	刀具名称及规格	数量	加工表面	刀尖圆弧半径	备注
1	T0101	硬质合金可转位车刀（精车）	1	椭圆	0.4mm	刀尖角 35°

3. 确定切削用量

该零件的切削用量见表1-11。

表 1-11　切削用量

加工内容	背吃刀量/mm	转速/（r/min）	进给量/（mm/r）
精车椭圆	0.25	1500	0.1

4. 程序清单与注释

椭圆面加工的程序编制见表1-12。

表 1-12　精车椭圆面的加工程序

程　序		注　释
O0002；		程序名
N10	G97　G99　G40；	恒定主轴转速，选择 mm/r 的走刀方式，取消刀尖圆弧半径补偿
N20	T0101；	调用1#刀1#刀补
N30	M03　S1500；	主轴正转，S 为 1500r/min
N40	G00　X45　Z35；	刀具快速移动到ϕ45mm、离开工件编程零点 35mm 的安全位置
N50	G00　G42　Z8.5；	刀具快速移动到椭圆 Z 轴的起点位置，刀尖圆弧半径补偿选择"右补偿"
N60	G01　X40　F0.1；	刀具以 0.1mm/r 的进给量工进至椭圆 X 轴的起点位置
N70	#1 = 10；	设置椭圆的长半轴
N80	#2 = 5；	设置椭圆的短半轴
N90	#3 = 8.5；	设置椭圆 Z 轴的起点位置
N100	IF［#3　LE-8.5］　GOTO 150；	判断条件是否满足，如果椭圆 Z 轴的起始位置小于等于 -8.5 时，就执行 N150 程序段
N110	#4 = 5 * SQRT［#1 * #1-#3 * #3］/10；	#4 表示 X 轴的坐标点，半径值
N120	G01　X［2 * ［-#4］+45.27］　Z #3 F0.1；	用 G01 直线段加工椭圆，"2 * ［-#4］"表示直径值，由于是凹椭圆，因此此处的#4 前面需要加"-"号，同时由于椭圆圆心与工件圆心不重合，而是偏离了 45.27mm，因此此处需加上椭圆圆心与工件圆心 45.27mm 的差值
N130	#3 = #3-0.5；	椭圆步距，每次递减 0.5mm

(续)

	程　序	注　释
	O0002；	程序名；
N140	GOTO100；	无条件转移
N150	G01　U2.0；	刀具在当前的 X 位置往正方向移动2mm
N160	G00　X200；	刀具快速移动到 ϕ200mm 位置
N170	G00　G40　Z100；	刀具快速移动到 Z 轴的安全位置，取消刀尖圆弧半径补偿
N180	M05；	主轴停止
N190	M30；	程序结束

1.8.3　实例3：凸椭圆轮廓的加工

1. 工艺分析

（1）分析零件图　如图1-8所示的椭圆轮廓外形零件，其毛坯外部轮廓已加工成形，工件材料为45钢。该零件主要加工椭圆面及编制车削椭圆的宏程序。

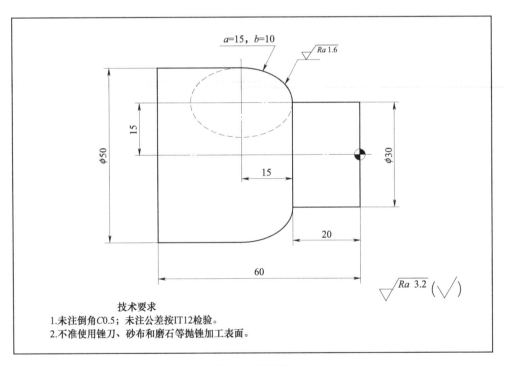

图1-8　凸椭圆

（2）分析加工难点　本例题中，零件的外部轮廓都已经完成加工，仅仅需要加工椭圆轮廓。椭圆的长半轴为15mm（Z轴），短半轴为10mm（X轴），椭圆轮廓的轴向起点不在零件的编程零点位置，而位于编程零点-35mm位置，同时椭圆圆心与零件圆心相差15mm。

（3）分析加工方案

1）确定装夹方案。自定心卡盘夹住工件左端 $\phi50\mathrm{mm}$ 外圆，夹持长度为 $10\mathrm{mm}$，并用百分表找正工件。编程零点设在工件两端的对称中心线和轴心线上，如图 1-9 所示。

2）位置点。

① 换刀点：工件右端面的中心点为工件坐标原点，为了防止换刀时刀具与工件（或尾座）相碰，换刀时可设置在（X200，Z100）。

② 起刀点：为了减少加工次数，循环的起刀点可以设置在（X55，Z-15）。

2. 选择刀具

精车刀具选择 80° 外圆车刀。选定的刀具参数见表 1-13。

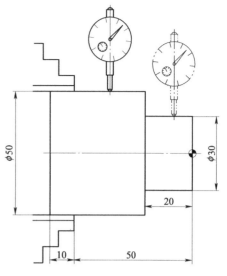

图 1-9　工件的装夹和找正

表 1-13　刀具参数

序号	刀具号	刀具名称及规格	数量	加工表面	刀尖圆弧半径/mm	备注
1	T0101	80°硬质合金可转位右偏刀	1	凸椭圆	0.4	刀尖角 80°

3. 确定切削用量

该零件的切削用量见表 1-14。

表 1-14　切削用量

加工内容	背吃刀量/mm	转速/(r/min)	进给量/(mm/r)
半精车椭圆	1	1500	0.15
精车椭圆	0.25	1500	0.1

4. 程序清单与注释

椭圆面加工的程序编制见表 1-15。

表 1-15　精车椭圆面的加工程序

程　序		注　释
O0003；		程序名
N10	G97　G99　G40；	恒定主轴转速，选择 mm/r 的走刀方式，取消刀尖圆弧半径补偿
N20	T0101；	调用 1#刀 1#刀补
N30	M03　S1500；	主轴正转，S 为 1500r/min
N40	G00　X55；	刀具快速移动到 $\phi55\mathrm{mm}$ 的安全位置
N50	G00　G42　Z2；	刀具快速移动到离开工件端面 2mm 的安全位置，建立刀具半径右补偿

（续）

程　　序		注　　释
	O0003;	程序名
N60	G73　U10　W0　R10;	调用成形复合粗车循环指令编程，设置工件毛坯直径的加工余量为20mm，共计加工10刀
N70	G73　P80　Q180　U0.5　W0.1　F0.15;	调用成形复合粗车循环指令编程，设置循环起始段号为N80，终止段号为N180，直径与长度方向分别留0.5mm与0.1mm精加工余量，粗车进给量为0.15mm/r
N80	G00　Z-15;	刀具快速移动到椭圆Z轴的起点位置，刀具圆弧半径补偿选择右补偿
N90	#1=15;	设置椭圆的长半轴
N100	#2=10;	设置椭圆的短半轴
N110	#3=15	设置椭圆Z轴的起点位置
N120	IF[#3　LT　0]　GOTO 170;	判断条件是否满足，如果椭圆Z轴的起始位置小于0时，就执行N140程序段
N130	#4=10*SQRT[#1*#1-#3*#3]/15	#4表示X轴的坐标点，半径值
N140	G01　X[2*#4+30]　Z[#3-35]　F0.1;	用G01直线段加工椭圆，"2*#4+30"表示直径值，同时由于椭圆圆心不与工件圆心重合，而是偏离了30mm，因此此处需加上椭圆圆心与工件圆心的差值
N150	#3=#3-0.5;	椭圆步距，每次递减0.5mm
N160	GOTO　120;	无条件转移
N170	G71　U2;	刀具在当前的X位置往正方向移动2mm
N180	G01　W-2;	刀具在当前的位置往Z轴负方向移动2mm
N190	G00　X55　Z2;	刀具快速移动到φ55mm、离开工件端面2mm的安全位置
N200	G70　P80　Q180	调用精车循环指令，循环起始程序段号为N80，循环终点程序段号为N180
N210	G00　G40　X200;	刀具快速移动到φ200mm位置
N220	G00　G40　Z100;	刀具快速移动到Z轴的安全位置，取消刀尖圆弧半径补偿
N230	M05;	主轴停止
N240	M30;	程序结束

1.8.4　实例4：内孔椭圆轮廓的加工

1. 工艺分析

（1）分析零件图　如图1-10所示的内椭圆轮廓，其工件材料为45钢，毛坯粗加工为φ100×80mm实心棒料，椭圆的长半轴为100mm，短半轴为40mm。该零件主要加工孔、内椭圆及编制车削椭圆的宏程序。

（2）加工分析　本例题中，由题意可知，外圆与端面均不需要加工，仅需加工内轮廓，故建议对其加工的工步为：钻φ16mm通孔→扩φ28mm通孔→扩φ44mm通孔→粗车内孔→

精车内孔。

在钻孔与扩孔工步中，由于均采取手动加工方式，故在此不做详述。

技能大师经验谈：

在粗车内孔工步中，由于 FANUC 系统不支持内外圆粗车循环指令 G71 中使用 B 类宏程序，仅支持固定形状粗车循环指令 G73，但一旦采用 G73 指令，又可能因为 X 方向退刀量的安全距离不够而发生撞刀等安全事故。为了解决这一问题，拟采用 G71 指令采取车锥度的方式来加工。

具体思路为：

1）在粗车内孔中，拟订每刀的背吃刀量为 2mm，直径方向为 4mm。由以上工步可知，当前总加工余量为 80mm-44mm=36mm，由此得出一共需要加工 9 刀。

2）由图 1-10 得知，内轮廓的最大直径为 80mm，按照每刀 2mm 的背吃刀量计算，接下来直径方向的坐标点分别为 76mm，72mm，68mm，64mm……在实际加工过程中，仅仅知道 X 坐标还不够，还必须知道与 X 轴相对应的 Z 坐标，为此，可通过采取计算机绘图与手工计算两种方式来寻求 Z 坐标。计算机完成绘图后可通过查询方式得知 Z 坐标，故在此也不做详述，这里仅对手工计算方式进行说明。

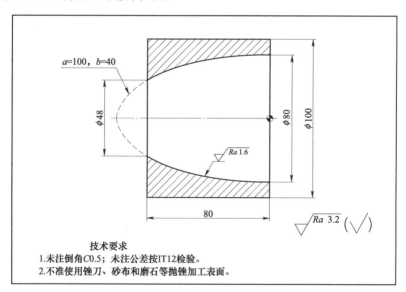

技术要求
1. 未注倒角 C0.5；未注公差按 IT12 检验。
2. 不准使用锉刀、砂布和磨石等抛锉加工表面。

图 1-10　内孔椭圆

① 首先，鉴于椭圆方程为 $X^2/a^2+Y^2/b^2=1$，由已知条件 $a=100$，$b=40$ 对应图 1-10 可知，a 所对应的是 Z 轴，b 所对应的是 X 轴，代入椭圆方程中即为 $X^2/40^2+Z^2/100^2=1$。

② 按照每刀 2mm 的背吃刀量计算：

a. 与 $\phi76mm$ 对应的 Z 轴坐标为：$(76/2)^2/40^2+Z^2/100^2=1$ 得出 $Z=31.225$。

b. 与 $\phi72mm$ 对应的 Z 轴坐标为：$(72/2)^2/40^2+Z^2/100^2=1$ 得出 $Z=43.589$。

c. 与 $\phi68mm$ 对应的 Z 轴坐标为：$(68/2)^2/40^2+Z^2/100^2=1$ 得出 $Z=52.678$。

d. 与 $\phi64mm$ 对应的 Z 轴坐标为：$(64/2)^2/40^2+Z^2/100^2=1$ 得出 $Z=60$。

e. 与 $\phi60mm$ 对应的 Z 轴坐标为：$(60/2)^2/40^2+Z^2/100^2=1$ 得出 $Z=66.144$。

f. 与 $\phi56mm$ 对应的 Z 轴坐标为：$(56/2)^2/40^2+Z^2/100^2=1$ 得出 $Z=71.414$。

g. 与 ϕ52mm 对应的 Z 轴坐标为：$(52/2)^2/40^2+Z^2/100^2=1$ 得出 $Z=75.993$。

h. 与 ϕ48mm 对应的 Z 轴坐标为：$(48/2)^2/40^2+Z^2/100^2=1$ 得出 $Z=80$。

（3）分析加工方案

1）确定装夹方案 自定心卡盘夹持工件左端 ϕ100mm 外圆，夹持长度为 15mm，并用百分表找正工件。编程零点放在工件右端面，如图 1-11 所示。

2）位置点

① 换刀点：工件右端面的中心点为工件坐标原点，为了防止换刀时刀具与零件（或尾座）相碰，换刀时可设置在（X200，Z100）。

② 起刀点：为了减少加工次数，循环的起刀点可以设置在（X42，Z2）。

2. 选择刀具

精车刀具选择 80° 内孔车刀。选定的刀具参数见表 1-16。

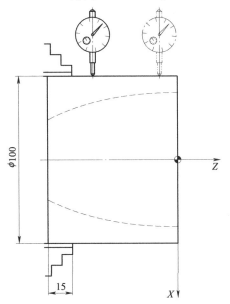

图 1-11 工件的装夹和找正

表 1-16 刀具参数

序号	刀具号	刀具名称及规格	数量	加工表面	刀尖圆弧半径/mm	备注
1	T0101	80°硬质合金内孔车刀	1	内椭圆	0.4	刀尖角 80°

3. 确定切削用量

该零件的切削用量见表 1-17。

表 1-17 切削用量

加工内容	背吃刀量/mm	转速/（r/min）	进给量/（mm/r）
半精车椭圆	1.5	1000	0.1
精车椭圆	0.25	1000	0.1

4. 程序清单与注释

椭圆面加工的程序编制见表 1-18。

表 1-18 椭圆面加工的程序

程 序		注 释
O0004;		程序名
N10	G97 G99 G40;	恒定主轴转速，选择 mm/r 的走刀方式，取消刀尖圆弧半径补偿
N20	T0101;	调用 1# 刀 1# 刀补
N30	M03 S1000;	主轴正转，S 为 1000r/min
N40	G00 X42 Z2;	刀具快速移动到 ϕ42mm、Z 轴 2mm 的安全位置

（续）

程　序		注　释
	O0004；	程序名
N50	G71　U1.5　R0.5；	调用内圆粗车循环指令 G71，背吃刀量为 1.5mm，刀具每次的退刀量为 0.5mm
N60	G71　P70　Q170　U-0.5　W0.1 F0.1；	循环从程序段 N70 开始，到 N170 结束，由于是内孔加工，因此此处的 U 值为"-"值，X 方向留 0.5mm，Z 方向留 0.1mm 的精车余量
N70	G00　X80；	
N80	G01　Z0　F0.1；	
N90	X76　Z-31.225；	
N100	X72　Z-43.589；	
N110	X68　Z-52.678；	
N120	X64　Z-60；	粗车内孔
N130	X60　Z-66.144；	
N140	X56　Z-71.414；	
N150	X52　Z-75.993；	
N160	X48　Z-80；	
N170	G01　U-0.2；	
N180	G00　Z2；	刀具快速移动到 Z 轴 2mm 的安全位置
N190	X80；	刀具快速移动到 ϕ80mm 位置
N200	#1=100；	设置椭圆的长半轴
N210	#2=40；	设置椭圆的短半轴
N220	#3=0；	设置椭圆 Z 轴的起点位置
N230	IF[#3　LT-80]　GOTO　280；	判断条件是否满足，如果椭圆 Z 轴的起始位置小于-80，就执行 N280 程序段
N240	#4=40*SQRT[#1*#1-#3*#3]/100；	#4 表示 X 轴的坐标点，半径值
N250	G01　X[2*#4]　Z0　F0.1；	用 G01 直线段加工椭圆，"2*#4"表示直径值
N260	#3=#3-0.3；	椭圆步距，每次递减 0.3mm
N270	GOTO　230；	无条件转移
N280	G00　Z100；	刀具快速移动到 Z 轴的安全位置
N290	X200；	刀具快速移动到 X 轴的安全位置
N300	M05；	主轴停止
N310	M30；	程序结束

1.8.5　实例 5：端面椭圆轮廓的加工

1. 工艺分析

（1）分析零件图　按要求加工图 1-12 所示轮廓，其工件材料为 45 钢，毛坯尺寸为 ϕ62×82mm，椭圆的长半轴为 8mm，短半轴为 4mm，编程零点放在工件右端面。

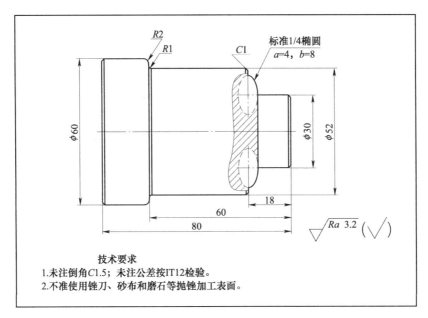

图 1-12　零件图

（2）分析加工方案

1）确定装夹方案　在精车长端工序中，自定心卡盘夹持 φ62mm 毛坯外圆，夹持后保证工件的伸出长度≥69mm；在精车短端工序中，自定心卡盘夹持 φ52mm 外圆，夹持长度约为 15mm，如图 1-13、图 1-14 所示。

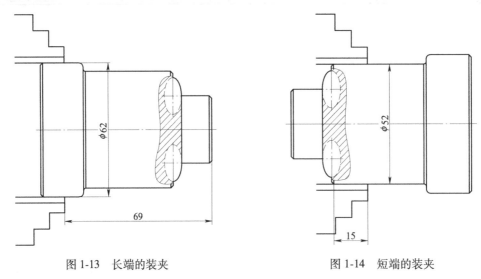

图 1-13　长端的装夹　　　　　　　　　　图 1-14　短端的装夹

2）位置点

①换刀点：工件右端面的中心点为工件坐标原点，为了防止换刀时刀具与零件（或尾座）相碰，换刀时可设置在（X200，Z100）。

②起刀点：为了减少加工次数，循环的起刀点可以设置在（X64，Z2）。

3）安排总体工序　加工工序分为精车长端与精车短端两道工序。

4）工序设计

长端加工：

① 首先，粗车刀将端面车平即可。

② 然后，粗车外圆至 R2 位置，所有外圆留 0.8mm 精加工余量。

③ 最后，精车端面与外圆。精车端面时，背吃刀量为 0.2mm。

短端加工：

① 首先，粗车刀将工件总长车至 80.2mm。

② 然后，将外圆粗车至 φ60.5mm，以留精加工余量。

③ 最后，精车端面与外圆。精车端面时，背吃刀量为 0.2mm。

2. 选择刀具

精车刀具选择 80° 内孔车刀。选定的刀具参数见表 1-19。

表 1-19　刀具参数

序号	刀具号	刀具名称及规格	数量	加工表面	刀尖圆弧半径/mm	备注
1	T0101	90°外圆粗车刀	1	粗车外圆、外椭圆	0.4	刀尖角 80°
2	T0202	90°外圆精车刀	1	精车外圆、外椭圆	0.4	刀尖角 80°

3. 确定切削用量

该零件的切削用量见表 1-20。

表 1-20　切削用量

加工内容	背吃刀量/mm	转速/(r/min)	进给量/(mm/r)
粗车外圆、外椭圆	2	1000	0.15
精车外圆、外椭圆	0.4	1500	0.1

4. 程序清单与注释

长端加工的程序编制、短端加工的程序编制分别见表 1-21、表 1-22。

表 1-21　长端加工的程序

程　序		注　释
O0005；		程序名
N10	T0101；	调用 1# 刀 1# 刀补
N20	M03 S1000；	主轴正转，转速为 1000r/min
N30	G00 X64 Z0.2；	刀具快速移动到 φ64mm、Z 轴 0.2mm 的安全位置
N40	G01 X-1 F0.15；	粗车端面，进给量取 0.15mm/r
N50	Z2；	刀具快速移动到 Z2 的安全位置
N60	G00 X64；	刀具快速移动到 φ64mm 的安全位置
N70	G73 U16 R8；	调用固定形状粗车循环指令 G73 编程，设置工件毛坯直径方向加工余量为 32mm，共计加工 8 刀

（续）

程　序		注　释
O0005；		程序名
N80	G73　P90　Q250　U0.8　W0.1　F0.15；	调用固定形状粗车循环指令 G73 编程，循环起始段号为 N90，终止段号为 N250，直径与长度方向分别留 0.5mm 和 0.1mm 精加工余量，粗车进给量取 0.15mm/r
N90	G00　X28；	粗车循环起始程序段，刀具快速移动到 φ28mm
N100	G01　Z0　F0.1；	刀具工进至编程零点，精车进给量取 0.1mm/r
N110	X30　Z-1；	端面倒角
N120	Z-14；	加工 φ30mm 外圆
N130	#1=4；	设置椭圆 Z 轴的起始值
N140	WHILE　[#1　GE　0]　DO1；	判断条件是否满足，满足就执行 DO 1 与 END1 之间的程序
N150	#2=2*8*SQRT[1-#1*#1/4/4]；	#2 表示 X 轴的坐标值，此处为直径值
N160	G01　X[#2+30]　Z[#1-18]　F0.1；	直线段逼近椭圆轮廓，精车进给量取 0.1mm/r。由于椭圆圆心与工件圆心相差 15mm，所以此处需加上相差的直径
N170	#1=#1-0.1；	椭圆步距，每次递减 0.1mm
N180	END1；	一旦条件不满足，就自动执行 END1 下面一行的程序
N190	G01　X50；	刀具工进至 φ50mm 位置
N200	X52　Z-19；	倒角 C1
N210	Z-59；	加工 φ52mm 外圆
N220	G02　X54　Z-60　R1；	加工圆弧半径为 R1 的顺时针圆弧
N230	G01　X56；	刀具工进至 φ56mm 位置
N240	G03　X60　Z-62　R2；	加工圆弧半径为 R2 的逆时针圆弧
N250	G01　U0.2；	循环结束段，刀具往 X 轴正向走 0.2mm
N260	G00　X200；	刀具快速移动到 φ200mm 的安全位置
N270	Z100；	刀具快速移动到 Z 轴 100mm 位置
N280	M05；	主轴停止
N290	M00；	程序无条件暂停
N300	T0202；	调用 2# 刀 2# 刀补
N310	M03　S1500；	主轴正转，转速为 1500r/min
N320	G00　X64　Z0；	刀具快速移动到 φ64mm、Z 轴 0mm 的安全位置
N330	G01　X-1　F0.1；	精车端面，进给量取 0.1mm/r
N340	G00　Z2；	刀具快速移动到 Z 轴 2mm 的安全位置
N350	G00　X64；	刀具快速移动到 φ64mm 的安全位置
N360	G70　P90　Q250；	精车循环，循环起始段从 N90 开始，到 N250 结束

（续）

程　序		注　释
O0005；		程序名
N370	G00　X200；	刀具快速移动到 Z 轴的安全位置
N380	Z100；	刀具快速移动到 X 轴的安全位置
N390	M05；	主轴停止
N400	M30；	程序结束

表 1-22　短端加工的程序

程　序		注　释
O0055；		程序名
N10	T0101；	调用 1# 刀 1# 刀补
N20	M03　S1000；	主轴正转，转速为 1000r/min
N30	G00　X64　Z0.2；	刀具快速移动到 φ64mm、Z 轴 0.2mm 的安全位置
N40	G01　X-1　F0.15；	粗车端面，进给量取 0.15mm/r
N50	Z2；	刀具移动到 Z 轴 2mm 的安全位置
N60	G00　X58.5；	刀具快速移动到 φ58.5mm 的安全位置
N70	G01　Z0　F0.15；	刀具工进至编程零点，进给量取 0.15mm/r
N80	X60.5　Z-1；	端面倒角
N90	Z-20；	加工外圆至 φ60.5mm，长度为 20mm
N100	U0.2；	刀具往 X 轴正方向走 0.2mm
N110	G00　X200；	刀具快速移动到 φ200mm 的安全位置
N120	Z100；	刀具快速移动到 Z 轴 100mm 位置
N130	M05；	主轴停止
N140	M00；	程序无条件暂停
N150	T0202；	调用 2# 刀 2# 刀补
N160	M03　S1500；	主轴正转，转速为 1500r/min
N170	G00　X62　Z0；	刀具快速移动到 φ62mm、Z 轴 0mm 的安全位置
N180	G01　X-1　F0.1；	精车端面，进给量取 0.1mm/r
N190	G00　Z2；	刀具快速移动到 Z 轴 2mm 的安全位置
N200	G00　X58；	刀具快速移动到 φ58mm 的安全位置
N210	G01　Z0　F0.1；	刀具工进至编程零点，精车进给量取 0.1mm/r
N220	X60　Z-1；	端面倒角
N230	Z-20；	加工外圆至 φ60mm，长度为 20mm
N240	U0.2；	刀具往 X 轴正方向走 0.2mm
N250	G00　X200；	刀具快速移动到 Z 轴的安全位置
N260	Z100；	刀具快速移动到 X 轴的安全位置
N270	M05；	主轴停止
N280	M30；	程序结束

• 实例小结 •

上面几个实例中，包括外椭圆轮廓加工、内椭圆轮廓加工、凹椭圆轮廓加工、凸椭圆轮廓加工，有的椭圆曲线轮廓位于零件的最右端，有的曲线位于零件的中间部位，有长半轴在 X 方向，也有长半轴在 Z 方向。但不管是什么情况，椭圆宏程序编程都有以下几个要点须注意：

1）根据零件图中椭圆轮廓的形状和位置，选择合适的初始变量，角度或 $Z(X)$ 坐标。

2）正确表达椭圆曲线上点的坐标。根据零件图上的尺寸标注，选择标准方程或参数方程表达椭圆上点的坐标。

3）找出（有时需计算出）椭圆原点在编程坐标系中的坐标，正确表达椭圆上的点在编程坐标系中的坐标。

椭圆宏程序在复杂的零件图中，还可以考虑子程序编制。

1.8.6 实例 6：端面抛物线轮廓的加工

1. 工艺分析

（1）分析零件图　按要求精加工如图 1-15 所示的外轮廓，其毛坯余量为 2mm，材料为 45 钢，编程零点放在工件右端面。

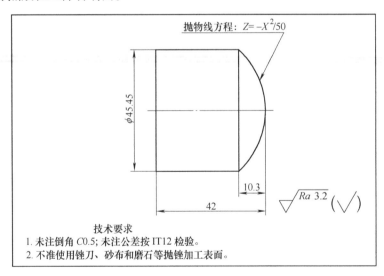

图 1-15　零件图

（2）加工分析　由于毛坯已基本成形，这里只需完成轮廓的精加工，故工艺路线安排为：采取连续加工的方式从非圆曲线的顶点开始加工。

1）若选择 X 轴作为自变量，Z 轴为因变量，编程加工该零件中的抛物线段，X 轴的定义域为 ［0，22.725］（此处 22.725 为半径值），将工件坐标原点设在抛物线的顶点位置。

2）若选择 Z 轴作为自变量，X 轴为因变量，编程加工该零件中的抛物线段，则将该抛物线方程转换为 $X = \sqrt{-50Z}$，Z 轴的定义域为 ［0，-10.3］，将工件坐标原点设在抛物线的顶点位置。

（3）分析加工方案

1）确定装夹方案　自定心卡盘夹持 ϕ45.45mm 外圆，夹持长度约为 10mm，如图 1-16 所示。

2）位置点

① 换刀点：工件右端面的中心点为工件坐标原点，为了防止换刀时刀具与零件（或尾座）相碰，换刀时可设置在（X200，Z100）。

② 起刀点：为了减少加工次数，循环的起刀点可以设置在（X0，Z2）。

2. 选择刀具

选定的刀具参数见表 1-23。

图 1-16　装夹

表 1-23　刀具参数

序号	刀具号	刀具名称及规格	数量	加工表面	刀尖圆弧半径/mm	备注
1	T0101	80°硬质合金可转位右偏刀	1	精车外圆	0.8	刀尖角 80°

3. 确定切削用量

该零件的切削用量见表 1-24。

表 1-24　切削用量

加工内容	背吃刀量/mm	转速/(r/min)	进给量/(mm/r)
半精车外椭圆	1	1000	0.15
精车外椭圆	0.25	1000	0.1

4. 程序清单与注释

1）若 X 轴作为自变量，Z 轴为因变量，程序编制见表 1-25。

2）若 Z 轴作为自变量，X 轴为因变量，程序编制见表 1-26。

表 1-25　X 轴作为自变量，Z 轴为因变量

程　　序		注　　释
00006；		程序名
N10	T0101；	调用 1# 刀 1# 刀补
N20	M03　S1000；	主轴正转，转速为 1000r/min
N30	G00　X100　Z5；	刀具快速移动到 ϕ100mm、离开工件端面 5mm 的位置
N40	G73　U23　W0　R23；	调用成形复合粗车循环指令编程，设置工件毛坯直径的加工余量为 46mm，共计加工 23 刀
N50	G73　P60　Q160　U0.5　W0.1　F0.15；	调用成形复合粗车循环指令编程，设置循环起始段号为 N60，终止段号为 N160，直径与长度方向分别留 0.5mm 与 0.1mm 精加工余量，粗车进给量为 0.15mm/r
N60	G00　Z2；	刀具快速移动到离开工件端面 2mm 的位置

（续）

程 序		注 释
	O0006；	程序名
N70	X0；	刀具快速移动到工件圆心位置
N80	#1＝0；	设置抛物线轮廓 X 轴起点位置
N90	#2＝0；	设置抛物线轮廓 Z 轴起点位置
N100	WHILE［#1 LE 22.725］DO1；	加工条件判断，若直径小于或等于 $\phi45.45mm$，则循环加工
N110	G01 X#1 Z#2 F0.1；	直线插补逼近曲线
N120	#1＝#1＋0.1；	X 轴步距
N130	#2＝－#1＊#1/50；	Z 轴坐标
N140	END1；	循环结束
N150	G01 Z－42；	直线插补
N160	G01 U2；	直线插补
N170	G00 X55 Z5；	刀具快速移动到 $\phi55mm$、离开工件端面 5mm 的位置
N180	G70 P60 Q160；	调用精车循环指令，循环起始程序段号为 N60，循环终点程序段号为 N160
N190	G00 X200；	刀具快速移动到 X 轴的安全位置
N200	Z100；	刀具快速移动到 Z 轴的安全位置
N210	M05；	主轴停止
N220	M30；	程序结束

表 1-26 Z 轴作为自变量，X 轴为因变量

程 序		注 释
	O0066；	程序名
N10	T0101；	调用 1# 刀 1# 刀补
N20	M03 S1000；	主轴正转，转速为 1000r/min
N30	G00 Z2；	刀具快速移动到离开工件端面 2mm 的位置
N40	X0；	刀具快速移动到工件的圆心位置
N50	#1＝0；	设置抛物线轮廓 Z 轴的起点位置
N60	#2＝－10.3；	设置抛物线轮廓 Z 轴的终点位置
N70	WHILE ［#1 GE #2］DO1；	加工条件判断，当抛物线轮廓 Z 轴的起点位置大于抛物线轮廓 Z 轴的终点位置时，则循环加工
N80	G01 X［2＊SQRT［－50＊#1］］Z#1 F0.1；	刀具以 0.1mm/r 的进给量来直线插补逼近曲线
N90	#1＝#1－0.1；	Z 轴步距
N100	END1；	循环结束
N110	G01 Z－42；	直线插补
N120	G00 X200；	刀具快速移动到 X 轴的安全位置
N130	Z100；	刀具快速移动到 Z 轴的安全位置
N140	M05；	主轴停止
N150	M30；	程序结束

1.8.7　实例 7：外圆凹抛物线轮廓的加工

1. 工艺分析

（1）分析零件图　按要求精加工图 1-17 所示的外轮廓，其毛坯余量为 2mm，材料为 45 钢，编程零点如图 1-17 所示。

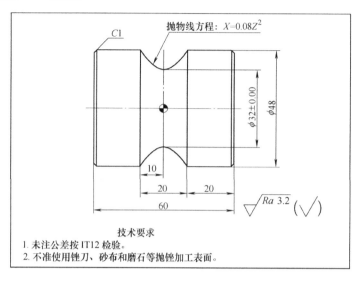

图 1-17　零件图

（2）分析加工难点　由于毛坯已基本成形，只需完成轮廓的精加工，故工艺路线安排为：采取连续加工的方式从非圆曲线的起始点开始加工，直至完成抛物线轮廓加工。

1）需注意刀具的后刀面与工件发生干涉。

2）由于是凹轮廓加工，需注意因排屑不畅而导致切屑刮伤已加工表面。

（3）分析加工方案

1）确定装夹方案　自定心卡盘夹持 ϕ48mm 外圆，保证夹持长度约为 10mm，如图 1-18 所示。

2）位置点

① 换刀点：工件右端面中心点为工件坐标原点，为了防止换刀时刀具与零件（或尾座）相碰，换刀时可设置在（X200，Z100）。

② 起刀点：为了减少加工次数，循环的起刀点可以设置在（X50，Z12）。

2. 选择刀具

选定的刀具参数见表 1-27。

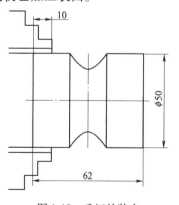

图 1-18　毛坯的装夹

表 1-27　刀具参数

序号	刀具号	刀具名称及规格	数量	加工表面	刀尖圆弧半径/mm	备注
1	T0101	35°硬质合金可转位偏刀	1	精车外圆	0.8	刀尖角 35°

3. 确定切削用量

该零件的切削用量见表 1-28。

表 1-28　切削用量

加工内容	背吃刀量/mm	转速/(r/min)	进给量/(mm/r)
精车外圆、外椭圆	0.25	1000	0.1

4. 程序清单与注释

该零件抛物线程序编制见表 1-29。

表 1-29　抛物线精加工程序

程　　序		注　　释
O0007；		程序名
N10	T0101；	调用 1# 刀 1# 刀补
N20	M03　S1000；	主轴正转，转速为 1000r/min
N30	G00　X55　Z12；	刀具快速移动到 ϕ55mm、离 Z 轴编程零点 12mm 的安全位置
N40	G01　X50　F0.1；	刀具以 0.1mm/r 的进给量工进至 ϕ50mm 位置
N50	#1 = 10；	设置抛物线轮廓 Z 轴的起点位置
N60	WHILE　[#1　GE-10]　DO1；	加工条件判断，当抛物线轮廓 Z 轴的起点位置大于 -10 时，循环加工
N70	#2 = 0.08 * #1 * #1；	#2 表示 X 轴坐标
N80	G01　X[2 * #2+32]　Z#1　F0.1；	刀具以 0.1mm/r 的进给量逼近曲线
N90	#1 = #1-0.2；	加工步距
N100	END1；	循环结束
N110	G00　X200；	刀具快速移动到 X 轴的安全位置
N120	Z100；	刀具快速移动到 Z 轴的安全位置
N130	M05；	主轴停止
N140	M30；	程序结束

1.8.8　实例 8：内圆抛物线轮廓的加工

1. 工艺分析

（1）分析零件图　按要求加工如图 1-19 所示的内圆抛物线轮廓，其毛坯余量为 2mm，材料为 45 钢，设工件 Z 轴坐标原点在抛物线的顶点位置。

（2）分析加工难点　由图 1-19 可知，a 点的 X 轴坐标为 29，b 点的 X 轴坐标为 20，与其对应的 Z 轴坐标可计算出来，具体的计算过程为：

在图 1-20 的 $\triangle aoc$ 中，已知 $ad = 29/2 = 14.5$，$dc = 5.5$，由此得出 $ac = 14.5+5.5 = 20$，根据已知抛物线方程 $Z = X^2/10$ 计算得出 a 点的 Z 轴坐标为 $Z = 20^2/10 = 40$，b 点的 Z 轴坐标为 $40-15.98 = 24.02$。

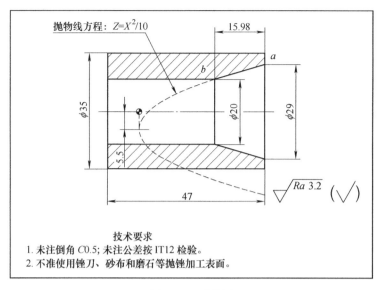

图 1-19　零件图

抛物线方程：$Z = X^2/10$

技术要求
1. 未注倒角 C0.5；未注公差按 IT12 检验。
2. 不准使用锉刀、砂布和磨石等抛锉加工表面。

（3）分析加工方案

1）确定装夹方案　自定心卡盘夹持 ϕ35mm 外圆，夹持长度为 15mm，如图 1-21 所示。

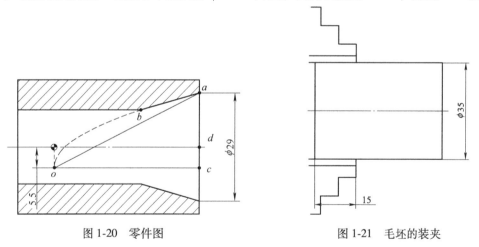

图 1-20　零件图　　　　　　　　　图 1-21　毛坯的装夹

2）位置点

① 换刀点：工件右端面中心点为工件坐标原点，为了防止换刀时刀具与零件（或尾座）相碰，换刀时可设置在（X200，Z100）。

② 起刀点：为了减少加工次数，循环的起刀点可以设置在（X29，Z42）。

2. 选择刀具

选定的刀具参数，见表 1-30。

表 1-30　刀具参数

序号	刀具号	刀具名称及规格	数量	加工表面	刀尖圆弧半径/mm	备注
1	T0101	80°硬质合金可转位右偏刀	1	精车内椭圆	0.4	刀尖角 80°

3. 确定切削用量

该零件的切削用量见表 1-31。

表 1-31　切削用量

加工内容	背吃刀量/mm	转速/(r/min)	进给量/(mm/r)
精车外圆、外椭圆	0.25	1000	0.1

4. 程序清单与注释

该零件抛物线程序编制见表 1-32。

表 1-32　抛物线精加工程序

程　　序		注　　释
O0008；		程序名
N10	T0101；	调用 1# 刀 1# 刀补
N20	M03　S1000；	主轴正转，转速为 1000r/min
N30	G00　X100　Z2；	刀具快速移动到 ϕ100mm、Z 轴 2mm 的安全位置
N40	X32；	刀具快速移动到 ϕ32mm 的安全位置
N50	G01　X29　F0.1；	刀具以 0.1mm/r 的进给量工进至 ϕ29mm 位置
N60	#1 = 40；	设置抛物线轮廓 Z 轴的起点位置
N70	WHILE　[#1　GE　24.02]　DO1；	条件判断语句
N80	#2 = SQRT[#1 * 10] * 2；	#2 表示 X 轴坐标，直径值
N90	G01　X[#2-5.5 * 2]　Z[#1-40]　F0.1；	刀具以 0.1mm/r 的进给量逼近曲线，由于 #2 在 X 方向的初始半径值为 20（图 1-20 中的 ac 线段），而 a 点 X 轴的实际起点为 29，故此处 X 值需减 11
N100	IF　[#1　EQ　24.02]　GOTO　1；	判断 Z 轴起点是否等于 24.02
N110	#1 = #1-0.2；	加工步距
N120	IF　[#1　LT　24.02]　THEN　#1 = 24.02；	当 #1 小于 24.02 时条件满足，把 24.02 赋给 #1，主要目的是防止不能整除
N130	END1；	循环结束
N140	G01　U-1；	安全退刀
N150	G00　Z100；	刀具快速移动到 Z 轴的安全位置
N160	X200；	刀具快速移动到 X 轴的安全位置
N170	M05；	主轴停止
N180	M30；	程序结束

1.8.9　实例 9：右双曲线轮廓的加工

1. 工艺分析

（1）分析零件图　按要求加工如图 1-22 所示的双曲线轮廓，其毛坯余量为 2mm，材料为 45 钢，编程零点如图 1-22 所示。

（2）分析加工难点　本例题的精加工采用 B 类宏程序编程，编程时，以 Z 值为自变量，

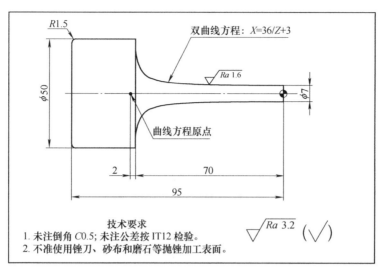

图 1-22　零件图

每次变化 0.2mm，X 值为因变量，通过变量运算计算出相应的 X 值。在程序编制过程中，首先要找出 X 坐标和 Z 坐标各点之间的对应关系。

（3）分析加工方案

1）确定装夹方案　自定心卡盘夹持 $\phi50$mm 外圆，夹持长度约为 10mm，如图 1-23 所示。

2）位置点

① 换刀点：工件右端面中心点为工件坐标原点，为了防止换刀时刀具与工件（或尾座）相碰，换刀时可设置在（X200，Z100）。

② 起刀点：为了减少加工次数，循环的起刀点可以设置在（X9，Z2）。

2. 选择刀具

选定的刀具参数见表 1-33。

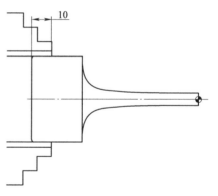

图 1-23　毛坯的装夹

表 1-33　刀具参数

序号	刀具号	刀具名称及规格	数量	加工表面	刀尖圆弧半径/mm	备注
1	T0101	80°硬质合金可转位右偏刀	1	精车外圆	0.4	刀尖角 80°

3. 确定切削用量

该零件的切削用量见表 1-34。

表 1-34　切削用量

加工内容	背吃刀量/mm	转速/（r/min）	进给量/（mm/r）
精车双曲线轮廓	0.25	1500	0.1

4. 程序清单与注释

该零件双曲线程序编制见表 1-35。

表 1-35　双曲线精加工程序

程　　序		注　　释
O0009；		程序名
N10	T0101；	调用 1# 刀 1# 刀补
N20	M03　S1500；	主轴正转，转速 1500r/min
N30	G00　X100　Z2；	刀具快速移动到 ϕ100mm、Z 轴 2mm 的安全位置
N40	X10；	刀具快速移动到 ϕ10mm 的安全位置
N50	G01　X9　F0.1；	刀具以 0.1mm/r 的进给量工进至 ϕ9mm 位置
N60	#1＝72；	设置双曲线轮廓 Z 轴的起点位置
N70	#2＝3.5；	设置双曲线轮廓 X 轴的起点位置，半径值
N80	#3＝#1−72；	跳转目标程序段，#3 为工件坐标系中的 Z 坐标
N90	#4＝#2＊2；	#3 为工件坐标系中的 Z 坐标，直径值
N100	G01　X#4　Z#3　F0.08；	刀具以 0.08mm/r 的进给量逼近曲线
N110	#1＝#1−0.2；	加工步距，每次增量−0.2mm
N120	#2＝36/#1+3；	变量运算出 X 坐标
N130	IF［#1　GE　2］　GOTO　80；	有条件跳转
N140	G01　X55　F0.1；	刀具以 0.1mm/r 的进给量工进至 ϕ55mm 位置
N150	G00　X200；	刀具快速移动到 ϕ200mm 的安全位置
N160	Z100；	刀具快速移动到 Z 轴 100mm 的安全位置
N170	M05；	主轴停止
N180	M30；	程序结束

1.8.10　实例 10：外圆双曲线轮廓的加工

1. 工艺分析

（1）分析零件图　按要求精加工图 1-24 所示的双曲线轮廓，其精加工余量为 2mm，材料为 45 钢，编程零点在工件右端面的轴心线上。

（2）分析加工难点　如图 1-24 所示，双曲线的实半轴长为 13mm，虚半轴长为 10mm，选择以 Z 坐标作为自变量，X 作为 Z 的函数，将双曲线方程

$$- Z^2/13^2 + X^2/10^2 = 1$$

改写为

$$X = \pm 10 \times \sqrt{1 + \frac{Z^2}{13^2}}$$

由于加工线段的开口朝向 X 轴正半轴，因此该段双曲线的 X 值为

$$X = 10 \times \sqrt{1 + \frac{Z^2}{13^2}}$$

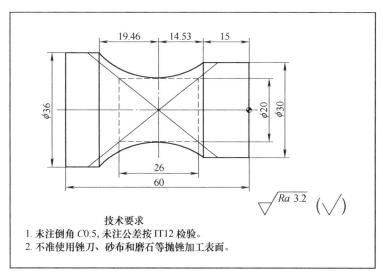

图 1-24　零件图

技术要求
1. 未注倒角 C0.5，未注公差按 IT12 检验。
2. 不准使用锉刀、砂布和磨石等抛锉加工表面。

（3）分析加工方案

1）确定装夹方案。自定心卡盘夹持 ϕ38mm 外圆，夹持长度为 8mm，如图 1-25 所示。

2）位置点。

① 换刀点：工件右端面中心点为工件坐标原点，为了防止换刀时刀具与零件（或尾座）相碰，换刀时可设置在（X200，Z100）。

② 起刀点：为了减少加工次数，循环的起刀点可以设置在（X30，Z2）。

2. 选择刀具

选定的刀具参数见表 1-36。

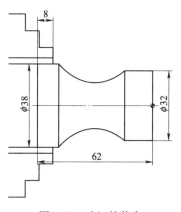

图 1-25　毛坯的装夹

表 1-36　刀具参数

序号	刀具号	刀具名称及规格	数量	加工表面	刀尖圆弧半径/mm	备注
1	T0101	35°硬质合金可转位右偏刀	1	精车外圆	0.4	刀尖角 35°

3. 确定切削用量

该零件的切削用量见表 1-37。

表 1-37　切削用量

加工内容	背吃刀量/mm	转速/（r/min）	进给量/（mm/r）
精车外圆、外椭圆	1	1500	0.1

4. 程序清单与注释

该零件双曲线程序编制见表 1-38。

表 1-38　双曲线精加工程序

程　序		注　释
	O0010；	程序名
N10	T0101；	调用 1# 刀 1# 刀补
N20	M03　S1500；	主轴正转，转速为 1500r/min
N30	G00　X100　Z2；	刀具快速移动到 ϕ100mm、Z 轴 2mm 的安全位置
N40	X30　M08；	刀具快速移动到 ϕ30mm 的安全位置，开切削液
N50	#1 = 13；	对双曲线的实半轴长赋值
N60	#2 = 10；	对双曲线的虚半轴长赋值
N70	#3 = 14. 53；	双曲线中心相对自身 Z 轴的起点位置
N80	#4 = -19. 46；	双曲线中心相对自身 Z 轴的终点位置
N90	#5 = 0；	双曲线中心在工件坐标系中的 X 轴坐标轴
N100	#6 = -29. 53；	双曲线中心在工件坐标系中的 Z 轴坐标轴
N110	G01　Z-15　F0. 1；	刀具以 0.1mm/r 的速度直线插补至 Z-15mm 位置
N120	WHILE　［#3　GE　#4］　DO1；	加工条件判断，当 #3 大于 #4 时，循环加工
N130	#7 = #2 * SQRT［1+#3 * #3/［#1 * #1］］；	计算 X 值
N140	G01　X［2 * #7+#5］　Z［#3+#6］　F0. 08；	刀具以 0.08mm/r 的进给量逼近曲线
N150	#3 = #3-0. 2；	加工步距，每次增量-0.2mm
N160	END1；	循环结束
N170	G01　X36　Z-48. 99　F0. 1；	刀具以 0.1mm/r 的进给量工进至双曲线终点位置
N180	U2　W-1；	倒角
N190	G00　X200　M09；	刀具快速移动到 ϕ200mm 的安全位置，关切削液
N200	Z100　M05；	刀具快速移动到 Z 轴 100mm 的安全位置，主轴停止
N210	M30；	程序结束

第 2 章

跟大师学数控车削编程及加工实例

2.1 数控车工（中级）编程实例

2.1.1 轴类零件的编程实例

1. 轴类零件的技术特点

轴类零件作为常见的典型零件，其长度必定大于直径。轴类零件通常由内、外圆柱面，内、外圆锥面，内、外螺纹，中心螺纹孔和相应端面孔组成。加工要素通常有内外圆表面、内外圆锥面、内外螺纹、端面，此外还有花键、键槽、沟槽等。轴类零件的技术要求主要包括表面结构、尺寸精度、形状精度和位置精度等。

轴类零件的作用主要是支承轴颈和配合轴颈的径向尺寸精度和几何精度，轴向精度一般要求不高，轴颈的直径公差等级通常为IT6~IT8，形状精度主要是圆度和圆柱度，一般要求限制在直径公差范围之内。相互位置精度主要是同轴度、垂直度和圆跳动。保证配合轴颈对于支承轴颈的同轴度，是轴类零件位置精度的普遍要求之一。

2. 轴类零件的加工工艺难点

（1）轴类零件的定位与装夹　在轴类零件加工的工艺过程中，工件的装夹方法严重影响工件的加工精度和效率，合理地选择工件的定位基准有着十分重要的意义，所以轴类零件在车床上的加工一般采用"一夹一顶"的装夹方式；在磨床上加工时，为了保证两端的同轴度，通常以两端中心孔作为定位与加工基准。

（2）选择刀具及切削用量　数控刀具的选择和切削用量的确定不仅影响数控机床的加工效率，而且直接影响加工质量。针对轴类零件的加工，编程人员必须确定每道工序、每个工步的切削用量，并合理地安排刀具的排列顺序。

（3）确定走刀顺序和路线　加工轴类零件时，还需合理地选择对刀点，并确定走刀路线。对刀点可设在被加工零件上，但必须是基准面或已精加工过的表面。走刀路线包括切削加工轨迹，刀具运动到切削起始点，刀具切入切出并返回切削起始点（或对刀点）等非切削空行程轨迹。

2.1.2 轴类零件的加工实例

技能大师经验谈：

1）该工件在编程时要注意计算各圆弧的坐标点位置。

2）可以在程序中加暂停指令，对程序或刀具补偿做相应调整。

3）注意加工过程中所选择的刀具要与程序中所选刀具以及它们的安装位置保持一致。

4）对刀时要注意与程序中的工件坐标系一致。

5）对刀后要及时验证对刀数值的正确性。

6）加工过程中要注意观察主轴转速和走刀速度，通过机床操作面板按钮及时做出调整。

1. 工艺分析

（1）分析零件图　如图 2-1 所示为轴类工件，毛坯为 $\phi 50mm \times 130mm$ 棒料，材料为 45 钢。该零件需要加工端面、外圆弧面、外圆、锥度和螺纹。该零件的表面结构、尺寸精度要求较高。

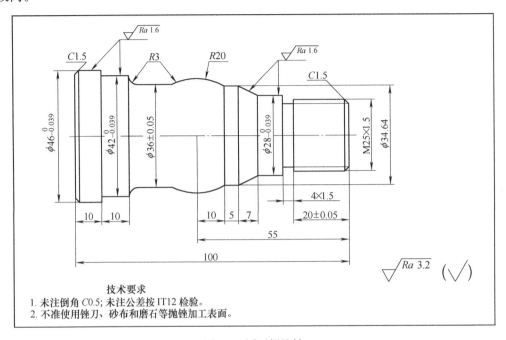

图 2-1　圆弧螺纹轴

（2）分析加工难点

1）在加工具有凹凸结构的轴类零件时，注意在 Z 轴方向的总加工余量应尽量为零，精加工余量也如此，以便于切削加工。

2）螺纹加工存在一定的难度，特别是表面粗糙度的保证。

3）从图 2-1 中可看出，该轴关键在于三段圆弧的交点坐标值，可用 CAD 软件找点或用三角函数计算出来。根据确定的加工路线，以轴线为工艺基准，采用"一刀落"的加工方法。编程使用复合循环指令，程序中尽可能控制尺寸至中间公差，也可以通过刀具补偿来实现。

4）由于刀尖圆弧半径补偿对圆柱和端面尺寸没有影响，而对圆弧表面尺寸锥度大小端尺寸有较大影响，因此在加工时采用刀尖圆弧半径补偿功能。

（3）分析加工方案

1）确定装夹方案。使用自定心卡盘夹持外圆长度 15mm。零件毛坯的伸长长度为 115mm，毛坯的装夹方式如图 2-2 所示。

2）位置点

①换刀点：工件右端面圆心位置为工件坐标原点，为了防止换刀时刀具与零件（或尾座）相碰，换刀点可设置在（X100，Z100）位置。

②起刀点：为了减少加工次数，循环的起刀点可以设置在（X52，Z2）位置。

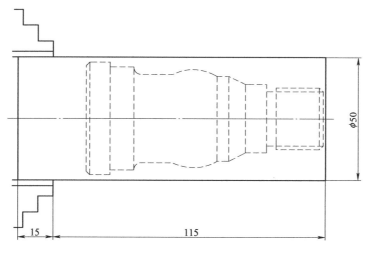

图 2-2 毛坯的装夹方式

3）总体工步安排。轴的加工：车端面→粗精车外圆轮廓→车槽→车螺纹→切断。

4）工序设计。圆弧螺纹轴的加工：

①粗精车端面，设定工件右端面圆心位置为工件坐标原点。

②粗车外圆轮廓时，使用成形复合车削循环指令 G73 粗车加工外圆轮廓；精车外圆轮廓时，使用 G70 指令进行精加工。使用 G73 指令加工外圆轮廓轨迹如图 2-3 所示。

③用宽度为 4mm 的切刀切槽，保证长度尺寸。

④车外螺纹时，使用 G92 指令加工螺纹。

⑤用宽度为 4mm 的切刀切断工件，保证工件总长满足图样要求。

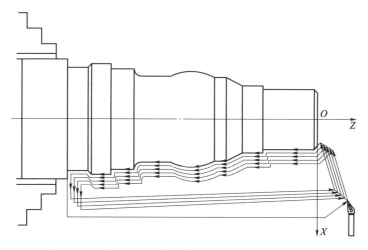

图 2-3 成形复合车削循环指令 G73 加工外圆轮廓轨迹

2. 选择刀具

加工端面及外圆表面需用 93°右偏外圆车刀；加工螺纹用螺纹车刀；切断工件需用切断刀。选定的刀具参数见表 2-1。

表 2-1 刀具参数

序号	刀具号	刀具名称及规格	数量	加工表面	刀尖圆弧半径/mm	备注
1	T0101	93°右偏外圆车刀	1	端面及外圆	0.4	刀尖角 35°
2	T0202	切断刀	1	切断	0.4	刀宽 4mm
3	T0303	螺纹车刀	1	外螺纹		螺距 1.5mm

3. 确定切削用量

该零件的切削用量见表 2-2。

表 2-2 切削用量

加工内容	背吃刀量/mm	转速/(r/min)	进给量/(mm/r)
粗加工外圆轮廓	1	800	0.4
精加工外圆轮廓	0.25	1200	0.2
加工螺纹	0.05~0.35	500	1.5
切断	4	600	0.05

4. 程序清单与注释

加工轴外轮廓的参考程序见表 2-3。

表 2-3 加工轴外轮廓参考程序

程 序		注 释
O0001		程序名
N10	G99　G40　G21　G97;	每转进给/取消刀补/米制模态/取消恒限速
N20	T0101;	调用 1# 刀具，导入 1# 刀补（外圆刀）
N30	M03　S800;	主轴正转，转速 800r/min
N40	M08;	打开切削液
N50	G00　X52.　Z2.;	快速点定位
N60	G01　Z0　F0.4;	按 0.4mm/r 的速度走刀至 Z0
N70	G01　X0　F0.1;	车端面
N80	G00　X60　Z2;	快速退刀
N90	G42　G00　X52.　Z2.	刀尖右补偿，走刀至定位点
N100	G73　U12　R12;	粗车循环
N110	G73　P120　Q280　U0.5　F0.2;	
N120	G00　X21.8;	从循环起刀点快速到轮廓起始点
N130	M03　S1200	主轴正转，转速 1200r/min，粗车时无效，精车时有效
N140	G01　Z0　F0.3;	走刀到端面
N150	X24.85　Z-1.5　F0.12;	倒角
N160	Z-24;	车外圆
N170	X27.98;	车台阶
N180	Z-33;	车外圆

（续）

程　　　序		注　　释
O0001		程序名
N190	X34. 64　Z-40；	倒角
N200	Z-45；	车外圆
N210	G03　X34. 64　Z-64. 57　R20；	车圆弧
N220	G02　X35. 98　Z-66. 33　R3；	车圆弧
N230	G01　Z-77；	车外圆
N240	G02　X41. 98　Z-80　R3；	车圆弧
N250	G01　Z-90；	车外圆
N260	X45. 98；	车台阶
N270	Z-100；	车外圆
N280	X48；	X 轴提刀
N290	G70　P120　Q280；	精车循环
N300	G40　G00　X100　Z100；	取消半径补偿，退刀
N310	M05	停主轴
N320	G97　S600　M03　T0202；	调用 2# 刀具，导入 2# 刀补（切断刀）
N330	G00　X30　Z-24；	快速定位
N340	G01　X22　F0. 05；	切槽
N350	G00　X100；	退刀
N360	G00　Z100；	
N370	T0303　M03　S500；	调用 3# 刀具，导入 3# 刀补（螺纹车刀）
N380	G00　X30　Z3；	快速点定位
N390	G92　X24. 15　Z-22.　F1. 5	第一刀
N400	X23. 75	第二刀
N410	X23. 45	第三刀
N420	X23. 25	第四刀
N430	X23. 15	第五刀
N440	X23. 05	第六刀
N450	G00　X100	退刀
N460	G00　Z100	
N470	G97　S600　T0202；	调用 2# 刀具，导入 2# 刀补（切断刀）
N480	G00　X50　Z-104；	快速定位
N490	G01　X43　F0. 05；	直线插补
N500	G00　X50	快速定位
N510	Z-102. 5；	快速定位
N520	G01　X46　F0. 2	直线插补
N530	X43　Z-104　F0. 05	倒角 C1. 5

（续）

程 序		注 释
O0001		程序名
N540	G01 X0 F0.05;	切断
N550	G00 X100;	退刀
N560	G00 Z100;	
N570	M05 M09;	关闭主轴，关闭切削液
N580	M30;	结束程序

5. 实例小结

本例主要介绍了简单轴类零件的加工工艺及编程，加工主要涉及外圆弧面粗车循环指令 G73、精车循环指令 G70 以及螺纹循环指令 G92 的使用。

2.1.3 盘类零件的编程实例

1. 盘类零件的技术特点

盘类零件主要由端面、外圆和内孔组成，一般零件的直径大于零件的轴向尺寸。盘类零件用于传递动力、改变速度、转换方向、轴向定位或密封。盘类零件的端面具有很高的平面度及轴向尺寸精度，两端面平行度、内孔与平面的垂直度要求也高，同时外圆、内孔和端面槽之间的同轴度也有要求。

2. 盘类零件的加工工艺分析

（1）加工材料的选取　盘类零件主要以钢、铸铁、青铜或黄铜等为主要材料。

（2）加工基准的选择　根据零件的特点尽量满足"基准重合、基准统一"原则。选择的基准通常是端面、内孔和外圆。盘类零件以端面为基准时，一般以平面为基准；以内孔为基准时，一般以端面进行辅助配合；外圆与以内孔为基准的方式基本相同。

（3）工序的安排　在精加工时，尽量将外圆、孔和端面一次装夹加工完成，避免二次装夹。对于需要多次装夹的零件，优先加工孔，然后通过孔采用心轴加工外圆或者端面。

（4）夹具的选择和使用　通用的自定心卡盘可以对小型的盘类零件进行工件的装夹，单动卡盘或花盘适用于中大型盘类零件的装夹。对于有几何精度要求的夹具，通常采用心轴或者花盘进行装夹之后再进行加工。对于盘类零件，当定位基准为已加工的孔时，为了保证外圆轴线与孔中心线的同轴度要求，采用心轴方式装夹零件。

2.1.4 盘类零件的加工实例

技能大师经验谈：

1）安装刀具时，在满足加工要求时尽量减小刀杆的悬伸长度。

2）对刀应准确无误，刀具补偿号应与程序调用的刀具号相对应。

3）程序编好输入机床后，须先进行图形模拟，准确无误后再进行试加工。

4）在加工过程中随时检查刀具是否磨损，如有，应及时更换新刀片。

5）在自动加工过程中，不允许打开机床防护门。

1. 工艺分析

（1）分析零件图　如图 2-4 所示的盘类零件，毛坯为 200mm×200mm×25mm 的铝材，材质为 6082（T6）铝合金，该零件需要加工两端面、台阶、内孔和端面槽，表面质量、位置精度要求较高。

（2）分析加工难点

1）过渡盘外凸台阶较短，为了减少走刀次数，粗加工可用 G94 指令；内孔可用 G71 指令进行粗加工，采用 G70 指令进行精加工。

2）此工件的外形为四方体，用单动卡盘装夹，需要一定的装夹、找正技能。

3）左端面对右端面的平行度公差为 0.1mm，平行度要求高。

（3）确定装夹方案　使用单动卡盘夹持工件四边长度 15mm，过渡盘的外圆加工长度为 4.5mm，内孔长为 22mm。

1）换刀点：工件右端面中心点为工件坐标原点，为了防止换刀时刀具与零件（或尾座）相碰，换刀点可设置在（X100，Z100）。

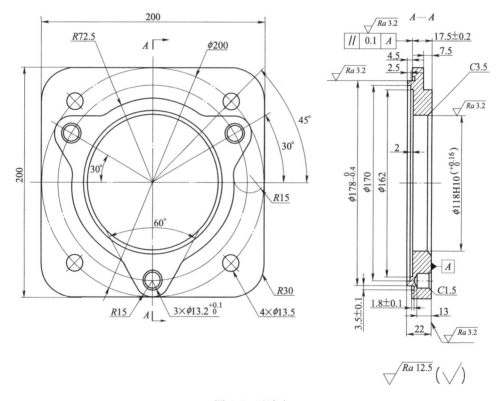

图 2-4　过渡盘

2）起刀点：为了减小空走刀的距离，外圆循环指令 G94 的起刀点可以设置在（X260，Z2），内孔循环指令 G71 的起刀点可以设置在（X48，Z2）。

（4）安排总体工序　即：平端面→用 φ50mm 的麻花钻钻穿工件→粗、精车外圆台阶轮廓→粗、精车内孔，轮车端面槽→反面数铣加工凸面轮廓→钻孔 3×φ13.2mm→钻孔 4×φ13.5mm→数铣内孔倒角 C3。

（5）工序设计　过渡盘的加工：车端面，设定工件右端面中心点为工件坐标原点。

粗车外圆轮廓时，使用切削循环指令 G94 粗车加工外圆轮廓，使用简单的直线段程序精加工外圆轮廓。使用切削循环指令 G71 粗车加工各内孔轮廓；使用指令 G70 精车加工各内孔轮廓。

用宽度为 3.5mm 的端面切槽刀加工端面槽，保证尺寸为宽 3.5mm，长 1.8mm。

2. 选择刀具

加工端面及外圆表面需要用 93°右偏外圆车刀，加工内孔表面需要用 93°的内孔镗刀，加工端面槽用宽 3.5mm 端面槽切槽刀。选定的刀具参数见表 2-4。

表 2-4　刀具参数

序号	刀具名称及规格	数量	加工表面	刀尖圆弧半径/mm	备注
1	93°右偏外圆车刀	1	端面及外圆	0.4	刀尖角85°
2	93°内孔镗刀	1	内孔	0.4	刀尖角85°
3	端面切槽刀	1	端面槽	0.2	刀宽3.5mm

3. 确定切削用量

该零件的切削用量见表 2-5。

表 2-5　切削用量

加工内容	背吃刀量/mm	转速/(r/min)	进给量/(mm/r)
粗加工外圆轮廓	1	600	0.25
精加工外圆轮廓	0.6	600	0.15
粗加工内孔轮廓	1	600	0.25
精加工内孔轮廓	0.1	800	0.15
车端面槽	3.5	200	0.05

4. 程序清单与注释

加工过渡盘参考程序见表 2-6。

表 2-6　加工过渡盘内外轮廓参考程序

程　序		注　释
O0001;		程序名
N10	G99　G40　G21　G97;	每转进给/取消刀补/米制模态/取消恒限速
N20	T0101;	调用1#刀具，导入1#刀补（外圆刀）
N30	G50　S1500;	限制最高转速为1500r/min
N40	G97　S600　M03;	主轴以600r/min的速度正转
N50	M08;	打开切削液
N60	G00　X260　Z2;	快速点定位
N70	G01　Z0　F0.3;	按0.3mm/r的速度走刀至Z0
N80	X0　F0.15;	车端面
N90	G00　X260　Z2;	快速退刀

（续）

程　　　序	注　　释
O0001；	程序名
N100 G94 X179 Z-1.5 F0.25；	
N110 Z-3；	端面粗车循环
N120 Z-4.4；	
N130 G00 G42 X177.4；	从循环起刀点快速到轮廓始点
N140 Z0 F0.15；	走刀端面
N150 X177.8 Z-0.2；	倒角
N160 Z-4.5；	车外圆
N170 X260；	车台阶
N180 G40 G00 X100 Z100；	取消半径补偿，退刀
N190 G97 S600 M03 T0202；	调用 2# 刀具，导入 2# 刀补（内孔镗刀）
N200 G00 X48 Z2；	快速定位
N210 G71 U1 R0.5；	内孔粗车循环
N220 G71 P230 Q330 U-0.2 F0.25；	
N230 G00 X170.4；	循环起点快速移至轮廓起始点
N235 G97 M03 S800；	主轴以 800r/min 的速度正转
N240 G01 Z0 Z0.15；	走刀到端面
N250 X170 Z-0.2；	倒角
N260 Z-2.5；	车内孔
N270 X162.4；	车台阶
N280 X162 Z-2.7；	倒角
N290 Z-4.5；	车内孔
N300 X118.27；	车台阶
N310 X118.07 Z-4.7；	倒角
N320 Z-22；	车内孔
N330 X116；	车台阶
N340 G70 P230 Q330；	精车循环
N350 G40 G00 X100 Z100；	取消半径补偿，退刀
N360 G97 S200 T0303；	调用 3# 刀具，导入 3# 补（切槽刀）
N370 G00 X177.88 Z-4；	快速定位
N380 G01 Z-6.3 F0.05；	切端面槽
N390 G00 Z100；	退刀
N400 G00 X100；	
N410 M05 M09；	关闭主轴，关闭切削液
N420 M30；	结束程序

5. 实例小结

本例主要介绍了盘类零件的加工工艺及编程，加工过程主要涉及外圆粗车循环指令 G94 的使用、内孔粗车循环指令 G71 的使用和精车循环指令 G70 的使用。

2.2 数控车工（高级）编程实例

2.2.1 配合零件的编程实例

1. 配合件概述

"配合件"由两件以上的工件组合装配而成，又称组合件。配合工件除了各个单件有自身的尺寸精度、几何精度外，还要兼顾全部工件组装后的尺寸、几何精度甚至整个组合体的外形美观程度。

配合件中的每个工件虽然每个尺寸有自己的公差带，但是为了配合顺利，有时需要人为地将尺寸公差带分段，根据配合要求的不同选择不同的公差带分段，如轴孔配合时，为了配合顺利，轴的公差通常选择在公差带的 1/3 处以下，孔的公差通常选择在公差带的 1/3 处以上。

2. 配合件的加工方法

1）对于出自一根毛坯材料的配合件，在加工之前要考虑各个配合件的长度与毛坯材料的关系。

2）根据配合要求，选择配合件之一作为基准件先加工。

3）加工基准件时，要在尺寸、几何精度上兼顾其余需要配合的工件。

4）对于允许配合组装后二次加工的组合体，要考虑组合后的装夹和每个组合工件的余量问题。

5）对于需要配作的部分，要选择好配作基准。

6）加工过程中试配时要小心，不要破坏已加工面（件）的精度和未完工件的装夹精度。

2.2.2 圆弧轴套组合件的加工实例

技能大师经验谈：

1）该工件在编程时，要注意计算各圆弧的定点位置。

2）可以在程序中加暂停指令，对程序或刀具补偿做相应调整。

3）加工过程中注意所选择的刀具要与程序中所选刀具以及它们的安装位置保持一致。

4）对刀时要注意与程序中的工件坐标系一致。

5）对刀后要及时验证对刀数值的正确性。

6）加工过程中要注意观察主轴转速、走刀速度，通过机床操作面板按钮及时做出调整。

7）外圆弧也可以先车槽后反车，或调用子程序车出。

1. 工艺分析

（1）分析零件图　图 2-5 所示为两个配合工件的组装图，零件图如图 2-6、图 2-7 所示，

毛坯为 ϕ40mm×80mm 棒料，材料为 45 钢。该零件需要加工两端面、内外圆弧面、内孔及外圆；组合件装配时，保证配合件的间隙；表面结构有一定的要求。

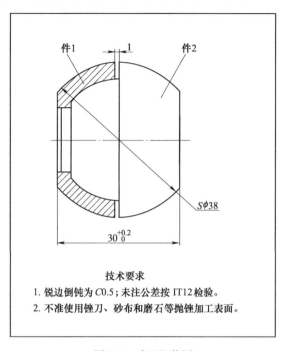

图 2-5　球面组装图

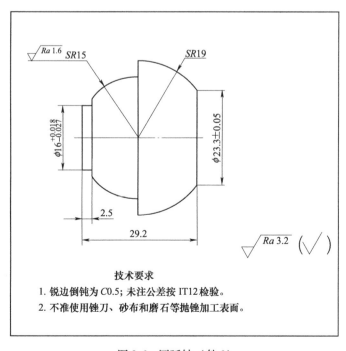

图 2-6　圆弧轴（件 2）

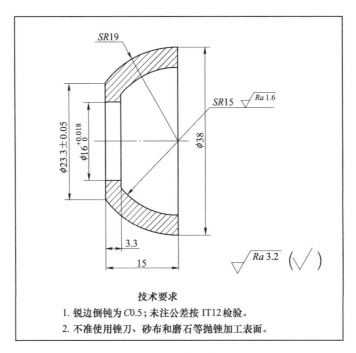

图 2-7　圆弧套（件 1）

（2）分析加工难点

1）件②的外形加工可用 G73 指令，加工凹凸类零件时应注意在 Z 轴方向的总加工余量一定要为零，精加工余量也要为零。

2）如图 2-5 所示，可看出该工件的关键在配合，而配合部分 SR15mm 的内外圆心点均需要计算得出，从而算得圆弧的定点位置。件 2 如图 2-6 所示，外圆弧 SR19mm 的大端也需要计算得出。根据确定的加工路线，以轴线为工艺基准，先车削件 2 并且切断，再用剩余材料加工件 1，如图 2-7 所示。在加工过程中使用件 2 试配，测量配合尺寸 1mm。编程使用复合循环指令，程序中控制尺寸至中间公差，也可以通过刀具补偿来实现。

3）由于刀尖圆弧半径补偿对圆柱和端面尺寸没有影响，而对圆弧表面尺寸有较大影响，因此在加工时采用刀尖圆弧半径补偿功能。

（3）分析加工方案

1）确定装夹方案。使用自定心卡盘夹持外圆长度 10mm。零件的加工长度为 80mm，确定毛坯下料分配如图 2-8 所示。

2）位置点。

① 换刀点：工件右端面中心点为工件坐标原点，为了防止换刀时刀具与零件（或尾座）相碰，换刀点

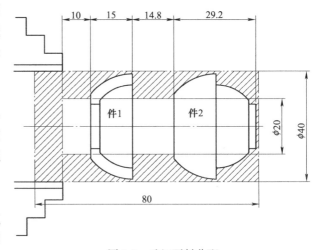

图 2-8　毛坯下料分配

可设置在（X100，Z100）。

② 起刀点：为了减少加工次数，循环的起刀点可以设置在（X 42，Z2）。

3）安排总体工序。

① 件 2 的加工：平端面→粗精车外圆轮廓→切断。

② 件 1 的加工：平端面→用 ϕ10mm 的麻花钻钻深 20mm→粗精车内孔→粗精车内圆弧→粗精车外圆弧→切断。

4）工序设计。

① 件 2 的加工：粗精车端面，设定工件右端面中心点为工件坐标原点。

粗车外圆轮廓时，使用封闭切削循环指令 G73 粗车加工外圆轮廓；精车外圆轮廓时，使用 G70 进行精加工。使用 G73 粗车加工外圆轮廓轨迹如图 2-9 所示。

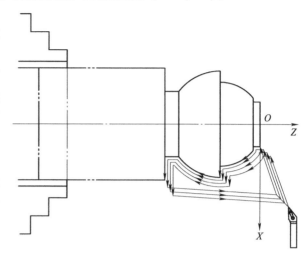

图 2-9　G73 封闭切削循环加工外圆轮廓轨迹

用宽度为 4mm 的切断刀切断工件，并保证长度尺寸 29.2mm。

② 件 1 的加工：粗精车端面，设定工件右端面中心点为工件坐标原点；手动用 ϕ10mm 的麻花钻钻深 20mm；用内孔车刀粗精车内孔，并保证内孔尺寸 $\phi16^{+0.018}_{0}$mm；粗车内圆弧轮廓时，使用粗车循环指令 G71 加工内圆轮廓；精车内圆弧轮廓时，使用 G70 进行精加工。使用 G71 指令加工内圆轮廓轨迹如图 2-10 所示。

粗车外圆轮廓时，使用封闭切削循环指令 G73 粗车加工外圆轮廓；精车外圆轮廓时，使用 G70 指令进行精加工。精加工完后，采用试配的方式保证 1mm 的间隙。

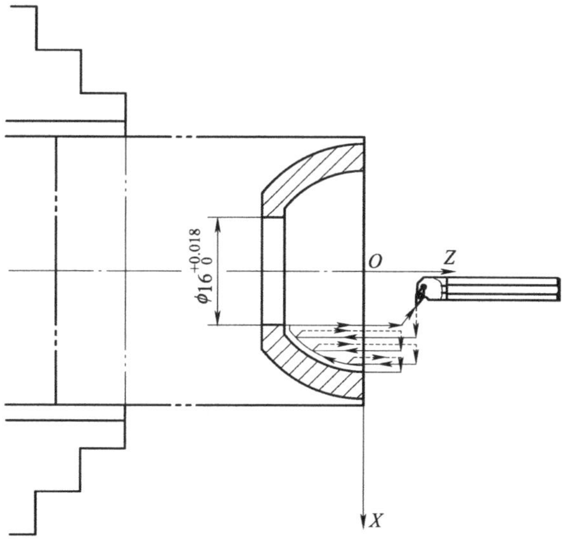

图 2-10　G71 指令加工内圆轮廓轨迹

用宽度为 4mm 的切断刀切断工件，并保证长度尺寸 15mm。

2. 选择刀具

加工端面及外圆表面需用 93°右偏外圆车刀；加工内孔需用内孔车刀；切断工件需用切断刀。选定的刀具参数见表 2-7。

表 2-7 刀具参数

序号	刀具号	刀具名称及规格	数量	加工表面	刀尖圆弧半径/mm	备注
1	T0101	93°右偏外圆车刀	1	端面及外圆	0.4	刀尖角 35°
2	T0202	切断刀	1	切断		刀宽 4mm
3	T0303	93°内孔车刀	1	车内孔	0.4	刀杆伸出 20mm
4	T0404	钻头	1	钻孔		ϕ10mm

3. 确定切削用量

该零件的切削用量见表 2-8。

表 2-8 切削用量

加工内容	背吃刀量/mm	转速/(r/min)	进给量/(mm/r)
粗加工外圆轮廓（件 2）	1	800	0.5
精加工外圆轮廓（件 2）	0.25	1200	0.1
切断	4	500	0.05
粗车内孔（件 1）	1	1200	0.15
精车内孔（件 1）	0.25	1200	0.1
粗加工外圆轮廓（件 1）	1	600	0.2
精加工外圆轮廓（件 1）	0.25	1200	0.15

4. 程序清单与注释

加工件 2 外圆轮廓参考程序见表 2-9，加工件 1 外圆轮廓参考程序见表 2-10。

表 2-9 加工件 2 外圆轮廓参考程序

	程 序	注 释
	00001;	程序名
N10	G99 G40 G21 G97;	每转进给/取消刀补/米制模态/取消恒限速
N20	T0101;	调用 1# 刀具，导入 1# 刀补（外圆刀）
N30	G50 S2000;	限制最高转速为 2000r/min
N40	G97 S800 M03;	以 800r/min 的速度正转
N50	M08;	打开切削液
N60	G41 G00 X42 Z2;	刀尖左补偿，快速点定位
N70	G01 Z0 F0.4;	以 0.4mm/r 的速度走刀至 Z0
N80	G01 X0 F0.1;	车端面
N90	G40 G00 X50 Z2;	快速退刀
N100	G42 G01 X42 Z2 F0.5;	刀尖右补偿，走刀至定位点
N110	G73 U12 R12;	粗车循环
N120	G73 P130 Q210 U0.5 F0.2;	
N130	G00 X15;	从循环起刀点快速到轮廓起始点
N135	G97 S1200 M03;	主轴以 1200r/min 的速度正转

（续）

程　序		注　释
	O0001；	程序名
N140	G01　Z0　F0.4；	走刀到端面
N150	G01　X16　Z-0.5　F0.1；	倒角
N160	G01　Z-2.5；	车外圆
N170	G03　X30　Z-15.2　R15；	车圆弧
N180	G01　X37.95　F0.15；	车台阶
N190	G03　X23.32　Z-29.2　R19　F0.1；	车圆弧
N200	G01　W-5；	车外圆
N210	G01　X40　F0.3；	**技能大师经验谈：** 　　X 轴循环终点不要与起点重合，可通过加大循环起点来避免此现象
N220	G70　P130　Q210；	精车循环
N230	G40　G00　X100　Z100；	退刀至换刀点
N240	G97　S500　T0202；	调用 2# 刀具，导入 2# 刀补（切断刀）
N250	G00　X42　Z-33.2；	**技能大师经验谈：** 　　此处一定要把切断刀刀宽算进来
N260	G01　X0　F0.05；	切断
N270	G00　X100；	退刀
N280	G00　Z100；	
N290	M05　M09；	停止主轴，关闭切削液
N300	M30；	结束程序

表 2-10　加工件 1 外圆轮廓参考程序

程　序		注　释
	O0001；	程序名
N10	G99　G40　G21　G97；	每转进给/取消刀补/米制模态/取消恒限速
N20	T0101；	调用 1# 刀具，导入 1# 刀补（外圆刀）
N30	G50　S2000；	限制最高转速为 2000r/min
N40	G97　S800　M03；	主轴以 800r/min 的速度正转
N50	M08；	打开切削液
N60	G41　G00　X42　Z2；	快速点定位
N70	G01　Z0　F0.4；	以 0.4mm/r 的速度走刀至 Z0
N80	G01　X0　F0.1；	车端面
N90	G00　X100　Z100　M05；	退刀至换刀点，停止主轴
N95	M00；	程序无条件停止

（续）

程　序		注　释
	O0001；	程序名
N98	T0404	手动钻 ϕ10mm×20mm 的孔
N100	T0303；	调用 3# 刀具，导入 3# 刀补（镗孔刀）
N105	G97　S1200　M03；	主轴以 1200r/min 的速度正转
N110	G00　X10；	快速定位
N120	G00　Z2；	
N130	G71　U1　R0.5；	内轮廓复合循环
N140	G71　P150　Q180　U-0.5　F0.15；	
N150	G00　X30；	刀具快速到 X 起点
N155	G97　S1200　M03；	主轴以 1200r/min 的速度正转
N160	G01　Z0　F0.1；	刀具快速到 Z 起点（计算点）
N170	G03　X16　Z-11.7　R15　F0.1；	车内圆弧
N180	G01　Z-16；	车内孔
N190	G70　P150　Q180；	精车复合循环
N200	G00　Z100；	快速退刀
N210	G40　G00　X200；	取消刀具半径补偿，退刀
N220	M00；	暂停，试配件1
N230	T0101　S600　M03；	调用 1# 刀具，导入 1# 刀补（外圆刀）
N240	G42　G00　X42　Z2；	快速点定位
N250	G73　U9　R10；	形面粗车循环
N260	G73　P270　Q310　U0.5　F0.2；	
N270	G00　X38；	刀具快速退到 X 起点
M275	G97　S1200　M03；	主轴以 1200r/min 的速度正转
N280	G01　Z0　F0.4；	刀具快速退到 Z 起点
N290	G03　X23.32　Z-15　R19　F0.15；	车圆弧
N300	G01　W-5；	车外圆
N310	G01　X40　F0.2；	车台阶
N320	G70　P270　Q310；	精车循环
N330	G40　G00　X100　Z100；	取消刀具半径补偿，退刀
N340	G97　S500　T0202；	调用 2# 刀具，导入 2# 刀补（切断刀）
N350	G00　X42　Z-19；	快速定位
N360	G01　X15　F0.05；	切断
N370	G00　X100；	退刀
N380	G00　Z100；	
N390	M05　M09；	关闭主轴，关闭切削液
N400	M30；	结束程序

5. 实例小结

本例主要介绍了配合件的加工工艺及编程，加工过程中主要涉及外圆弧面粗车循环指令 G73 的使用、内圆弧面粗车循环指令 G71 和精车循环指令 G70 的使用。

2.2.3　内外锥面两件配合的加工实例

技能大师经验谈：

1）编程时注意计算各编程点的坐标值，需要通过尺寸链计算的要计算正确。

2）加工过程中注意所选择的刀具要与程序中所选刀具以及它们的安装位置保持一致。

3）对刀时要注意与程序中的工件坐标系一致。

4）对刀后要及时验证对刀数值的正确性。

5）加工过程中，要注意观察转速、进给速度，通过机床操作面板按钮及时做出调整。

6）加工配作时，要注意工件装配面要光滑、无毛刺，不能破坏工件的精度及被加工件的定位。

1. 工艺分析

（1）分析零件图　如图 2-11、图 2-12、图 2-13 所示为两个配合工件，毛坯为 $\phi65mm\times150mm$ 棒料，材料为 45 钢。该零件需要加工两端面、内外圆弧面、内孔及外圆；装配组合件时，保证配合件的间隙；表面结构有一定的要求。

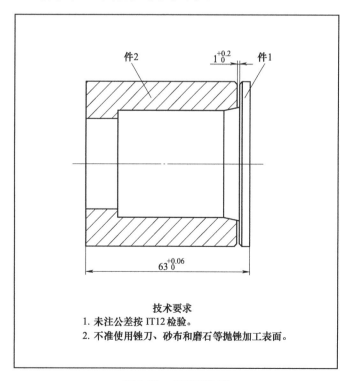

技术要求
1. 未注公差按 IT12 检验。
2. 不准使用锉刀、砂布和磨石等抛锉加工表面。

图 2-11　球面组装图

（2）分析加工难点

1）根据图样进行分析，该套配合件各件尺寸不多，加工内容较少。看似简单，但在实际加工过程中要通过尺寸链计算件 1 右端锥度 1∶5 的长度及大外圆 φ60mm 的长度。

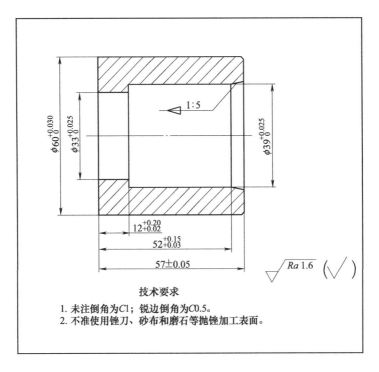

图 2-12　锥度套

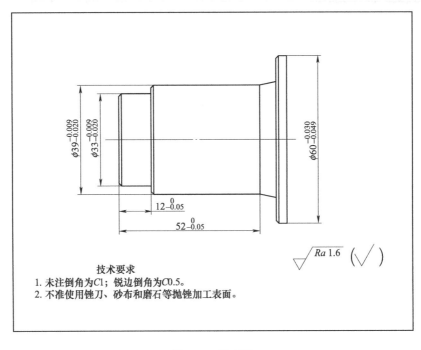

图 2-13　锥度轴

2）从图中可看出，该配合工件关键在计算长度方向的坐标。加工件 2 时，由于孔的测量基准在左端，因此通过计算尺寸链来确定件 2 锥度 1∶5 的长度和件 2 ϕ39mm 孔的长度坐标。主要采用基准统一，在一次装夹下尽可能完成较多的加工内容，即"一刀车出"的操作方法。首先以件 1 的右端面中心点为工件坐标原点进行编程，一次成形并且切断，再用剩余材料加工件 2，在加工过程中使用件 1 试配，测量配合尺寸 1mm。编程使用外形粗车切削循环指令 G71，程序中控制尺寸至中间公差，也可以通过刀具补偿来实现。

3）由于刀尖圆弧半径补偿对圆柱和端面尺寸没有影响，而对圆锥表面尺寸有较大影响，因此在加工时采用刀尖圆弧半径补偿功能。

（3）分析加工方案

1）确定装夹方案。使用自定心卡盘夹持外圆长度为 10mm。零件的加工长度为 150mm，确定毛坯下料分配如图 2-14 所示。

2）位置点

① 换刀点：工件右端面中心

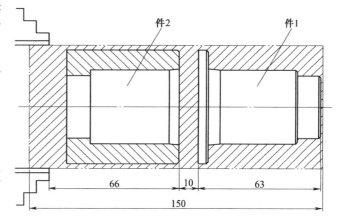

图 2-14 毛坯下料分配

点为工件坐标原点，为了防止换刀时刀具与工件（或尾座）相碰，换刀时可设置在（X100，Z100）。

② 起刀点：为了减少加工次数，循环的起刀点可以设置在（X62，Z2）。

3）安排总体工序

①件 1 的加工：平端面→粗精车外圆轮廓及外锥面→切断。

②件 2 的加工：平端面→用 ϕ19mm 的麻花钻钻深 60mm→粗精车内孔及内锥面→粗精车外圆轮廓面→切断。

4）工序设计

① 件 1 的加工：粗精车端面，设定工件右端面中心点为工件坐标原点。

a. 计算件 1 锥度 1∶5 的长度。根据尺寸链定义：件 1 锥度 1∶5 的长度为增环，计算得出件 2 锥度 1∶5 长度 $5_{-0.10}^{-0.07}$mm 为减环，配合间隙 $1_{0}^{+0.20}$mm 为封闭环，计算得出，件 1 锥度 1∶5 长度为 $6_{-0.07}^{+0.10}$mm。

b. 计算件 1 右端大外圆 ϕ60mm 的长度。根据尺寸链定义：配合件组装长度 $63_{0}^{+0.06}$mm 为增环，件 1 长度（57±0.05）mm 为减环，件 1 右端大外圆 ϕ60mm 的长度也为减环，配合间隙 $1_{0}^{+0.20}$mm 为封闭环，计算得出，件 1 右端大外圆 ϕ60mm 的长度为 $5_{-0.09}^{-0.05}$mm。

粗车外圆轮廓时，使用外圆粗车循环指令 G71 加工外圆轮廓；精车外圆轮廓时，使用 G70 指令进行精加工。使用 G71 指令加工外圆轮廓轨迹如图 2-15 所示。

用宽度为 4mm 的切断刀切断工件，并保证长度尺寸 $63_{0}^{+0.06}$mm。

② 件 2 的加工：粗精车端面，设定工件左端面中心点为工件坐标原点；手动用 ϕ19mm 的麻花钻钻深 60mm。

用内孔车刀粗精车内孔，保证内孔尺寸 $\phi33_{0}^{+0.025}$mm、$\phi39_{0}^{+0.025}$mm 及 1∶5 锥度尺寸。

a. 计算件 2 锥度 1∶5 的长度。根据尺寸链定义：件 2 总长（57±0.05）mm 为增环，锥度 1∶5 的长度为减环，$52^{+0.15}_{+0.03}$mm 为封闭环，计算得出，件 2 锥度 1∶5 长度为 $5^{-0.07}_{-0.10}$mm。

b. 计算件 2 ϕ39mm 孔的长度。根据尺寸链定义：件 2 总长（57±0.05）mm 为增环，ϕ39mm 孔的长度，$12^{+0.20}_{+0.02}$mm 为封闭，计算得出，ϕ39mm 孔的长度为 $45^{-0.07}_{-0.15}$mm。

注意：锥面检查过程中，普通工件的接触面和接触长度不低于75%，精密工件不低于80%，两者接触处应靠近大端。

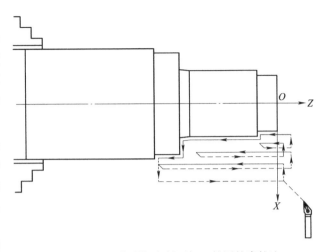

图 2-15　G71 外形粗车循环加工外圆轮廓轨迹

粗车内孔及锥面轮廓时，使用 G71 指令外形粗车循环指令加工内轮廓；精车内圆弧轮廓时，使用 G70 指令进行精加工。使用 G71 外形粗车循环指令加工内轮廓轨迹如图 2-16 所示。

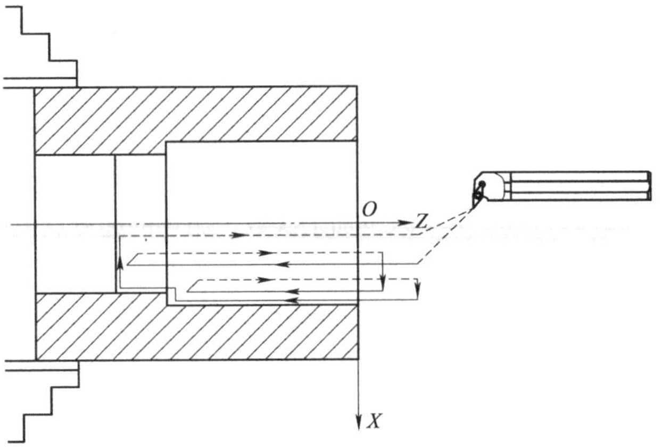

粗精车外圆轮廓时，使用 G90 外圆一次固定循环指令粗精加工外圆轮廓。精加工完后，用件 1 试配，保证后的间隙 1mm。

用宽度为 4mm 的切断刀切断工件，保证长度尺寸为（57±0.05）mm。

2. 选择刀具

加工端面及外圆轮廓面需用 93°左偏外圆车刀；加工内孔需用内孔车刀；切断工件需用切断刀。选定的刀具参数见表 2-11。

图 2-16　G71 指令粗车切削循环加工内轮廓轨迹

表 2-11　刀具参数

序号	刀具号	刀具名称及规格	数量	加工表面	刀尖圆弧半径/mm	备注
1	T0101	93°左偏外圆车刀	1	端面及外圆	0.4	刀尖角 35°
2	T0202	93°内孔车刀	1	车内孔	0.4	刀杆伸出 65mm
3	T0303	切断刀	1	切断		刀宽 4mm
4	T0404	钻头	1	钻孔		ϕ19mm

3. 确定切削用量

该零件的切削用量见表 2-12。

表 2-12　切削用量

加工内容	背吃刀量/mm	转速/(r/min)	进给量/(mm/r)
粗加工外圆轮廓（件1）	1.5	800	0.3
精加工外圆轮廓（件1）	0.5	1200	0.2
粗车内孔（件2）	1.5	600	0.15
精车内孔（件2）	0.5	1200	0.1
粗精加工外圆轮廓（件2）	1/0.25	800/1200	0.3/0.2

4. 程序清单与注释

配合件各零件编程点计算正确后，程序编制较为简单。（程序省略）

5. 实例小结

本例主要介绍了配合件的尺寸链计算方法和加工工艺及编程，加工过程主要涉及外圆一次固定循环指令 G90 的使用、外轮廓面粗车循环指令 G71 和精车循环指令 G70 的使用。

2.2.4　轴类（复杂）零件在数控车削中心的编程实例

1. 车削中心概念

车削中心是一种以车削加工模式为主，添加铣削动力刀架和主轴分度机构后又可进行铣削加工模式的车铣复合的切削加工机床类型，如图 2-17 所示。

2. 车削中心的特点

1）配备了一套自动换刀装置，可实现多工序连续加工，在一台车削中心上可完成原来多台数控机床才能实现的加工功能。

图 2-17　精密数控卧式车削中心

2）具有动力刀架和主轴分度机构，除了车床能加工的内外圆、端面、台阶、锥度、圆弧、螺纹、沟槽等内容外，还可以在零件内外表面和端面上铣平面、凸轮、各种键槽，或进行钻、铰、攻螺纹等加工，如图 2-18 所示。

图 2-18　车削中心加工复杂零件

3）能加工复杂畸形、高精密零件，而不用设计专用夹具。

4）减少了工件安装次数，避免了安装误差，有利于提高加工精度和稳定性。

3. 在车削中心上加工轴类（复杂）零件的方法

在车削中心上加工复杂零件，一般情况下应遵循先粗后精、先外后内、最后铣（钻）削的方法。使用铣削加工一般先铣平面，然后进行槽或孔的加工。

2.2.5 车削中心连接零件的加工

技能大师经验谈：

1）该工件有径向孔加工，注意刀具、夹具、工件不要产生干涉。

2）工件的孔、槽在完成加工后要使用暂停指令以保证底面完整。

3）加工过程中应注意所选择的刀具要与程序中所选刀具以及它们的安装位置保持一致。

4）对刀时要注意与程序中的工件坐标系一致。

5）对刀后要及时验证对刀数值的正确性。

6）动力头钻孔时，工件不转动，C 轴锁紧，使用 mm/min（进给量）。

7）加工过程中要注意观察转速、进给量，通过机床操作面板按钮及时做出调整。

1. 工艺分析

（1）分析零件图 图 2-19 所示的连接零件，毛坯为 $\phi80mm×89mm$（粗毛坯已加工）棒料，材料为 45 钢。该零件需要加工两端面、外圆弧面、螺纹、腰形孔和端面直孔及外圆圆周孔。

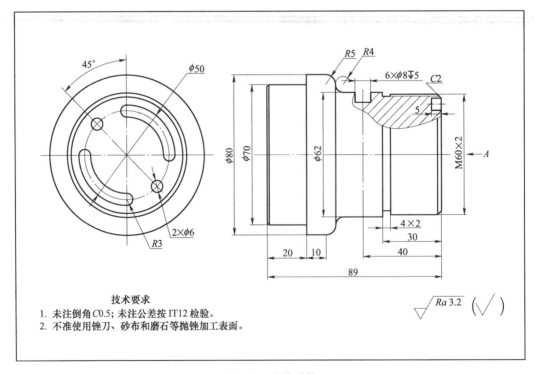

图 2-19 连接零件

（2）分析加工难点

1）根据零件图 2-19 进行分析，该工件内外径可利用复合循环功能 G71，G70 进行粗、精车，螺纹部分可用 G92 固定循环车削，利用主轴的分度功能，使用 X 向动力头对工件圆周上六等分的孔进行加工，使用 Z 向动力头铣削工件端面上的两个对称腰形孔和直孔。

2）由于刀尖圆弧半径补偿对圆柱和端面尺寸没有影响，而对圆弧表面尺寸有较大影响，因此在加工时采用刀尖圆弧半径补偿功能。

（3）分析加工方案

1）确定装夹方案　使用自定心卡盘夹持外圆长度 15mm 左右。零件的加工长度为 89mm，毛坯已加工成形，如图 2-20 所示。

2）位置点

① 换刀点：根据零件图样特点，以 $\phi70$mm 外圆及其端面定位，以工件右端面中心点为工件坐标系原点和对刀基准点。为了防止换刀时刀具与零件（或尾座）相碰，换刀时可设置 X 轴、Z 轴回机械原点。

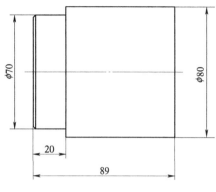

图 2-20　连接零件毛坯图

② 起刀点：为了减少加工次数，循环的起刀点可以设置在（X84，Z2）。

3）安排总体工序　粗、精车各外圆轮廓及圆弧面→切槽退刀→车螺纹→铣圆周径向孔→铣端面槽和分度孔。

4）工序设计

① 粗、精车各端面、外圆轮廓及圆弧面加工：粗精车端面，设定工件右端面中心点为工件坐标原点。粗车外圆轮廓时，使用 G71 外形粗车循环指令加工外圆轮廓；精车外圆轮廓时，使用 G70 指令进行精加工。使用 G71 外形粗车循环指令加工外圆轮廓轨迹，如图 2-21 所示。

② 切槽退刀加工：用宽度为 4mm 的切断刀切螺纹退刀槽，保证深度尺寸为 2mm。

③ 螺纹加工：车削螺纹，设定工件右端面中心点为工件坐标原点。车削外圆螺纹时，使用 G92 螺纹加工循环指令加工外圆螺纹，螺纹循环加工轨迹如图 2-22 所示。

④ 铣圆周径向孔加工：铣圆周径向孔，设定工件右端面中心点为工件坐标原点；铣刀定位点设定在（X64，Z-40）。

铣圆周上六等分的孔时，利用主轴的分度功能，使用 X 向动力头对圆周孔进行加工，加工过程中使用调用子程序指令 M98 调用 6 次子程序。

⑤铣端面槽和分度孔加工：铣端面槽时，设定工件右端面中心点为工件坐标原点；铣刀定位点设定在（X44，Z1）。

铣端面两对称腰形孔时，利用主轴的分度功能，使用 Z 向动力头铣削加工，加工过程中使用调用子程序指令 M98 调用 2 次子程序。加工子程序见表 2-17。

铣端面分度孔时，利用主轴分别分度 45°、180°，使用 Z 向动力头铣削加工两个端面直孔；加工时铣到槽底时，使用暂停指令 G04，铣刀在槽底停留 1s 即可。

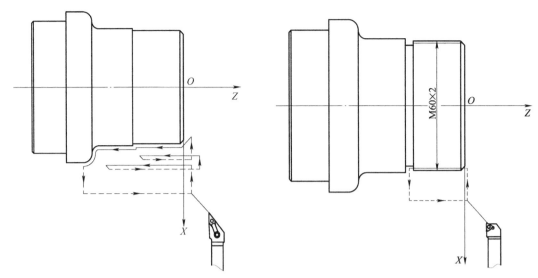

图 2-21　G71 外形粗车循环加工外圆轮廓轨迹　　　图 2-22　G92 螺纹循环加工轮廓轨迹

2. 选择刀具

加工端面及外圆轮廓面需用 93° 左偏外圆车刀；切退刀槽需用切断刀；加工螺纹需用螺纹车刀；铣径向孔、端面槽和分度孔需用立铣刀。选定的刀具参数见表 2-13。

表 2-13　刀具参数

序号	刀具号	刀具名称及规格	数量	加工表面	刀尖圆弧半径/mm	备注
1	T0101	93°左偏外圆粗车刀	1	端面及外圆	0.4	刀尖角 35°
2	T0202	93°左偏外圆精车刀	1	端面及外圆	0.4	刀尖角 35°
3	T0303	切断刀	1	退刀槽	4	刀宽 4mm
4	T0404	螺纹车刀	1	螺纹	0.4	60°，导程为 2mm
5	T1111	X 向立铣刀	1	圆周径向孔	4	ϕ8mm
6	T0909	Z 向立铣刀	1	端面槽、分度孔	3	ϕ6mm

3. 确定切削用量

该零件的切削用量见表 2-14。

表 2-14　切削用量

加工内容	背吃刀量/mm	转速/(r/min)	进给量/(mm/r)
粗加工外圆轮廓	1.5	400	0.15
精加工外圆轮廓	0.4	1200	0.1
切槽	0.5	400	0.05
螺纹加工	0.05~0.35	500	2
铣圆周径向孔	4	1000	0.02
铣端面槽	3	1200	0.005
铣分度孔	3	1200	0.005

4. 程序清单与注释

以 FANUC 0-T 系统编程为例，加工连接件的参考程序，见表 2-15、表 2-16、表 2-17。

表 2-15　连接零件加工参考程序

程　　序		注　　释
O0002；		程序名
N10	G50　S1500；	主轴高速档，设定主轴的最高限速 1500r/min
N20	G40　G97　G99　S400　T0101　M04；	主轴转速为 400r/min；调用 1# 刀具，导入 1# 刀补
N30	X84.0　Z2.0；	调用复合循环指令
N40	G71　U1.5　R0.5；	
N50	G71　P60　Q140　U0.8　W0.1　F0.15；	
N60	G00　X0；	粗车循环
N70	G01　Z0　F0.1；	
N80	X59.8　K-2.0；	
N90	Z-30.0；	
N100	X62.0；	
N110	Z-50.0；	
N120	G02　X70.0　Z-54.0　R4.0；	
N130	G03　X80.0　Z-59.0　R5.0；	
N140	G01　X82.0；	
N150	G28　U0　W0　T0　M05；	X 轴、Z 轴回机械原点
N160	G97　S1200　T0202　M04　F0.08；	恒转速为 1200r/min、进给量为 0.08mm/r，调用 2# 刀具，导入 2# 刀补
N170	G00　X84.0　Z2.0；	设置外形精车循环起点
N180	G70　P60　Q140；	外形精车循环指令
N190	M05；	主轴停转
N200	G28　U0　W0　T0；	X 轴、Z 轴回归机械原点
N210	G97　G99　S400　T0303　M04　F0.05；	主轴转速为 400r/min，进给量为 0.05mm/r，调用 3# 刀具，导入 3# 刀补
N220	G00　X64.0　Z-30.0；	
N230	G01　X56.0；	切 4mm×2mm 退刀槽
N240	X62.0　F0.2；	退出切断刀
N250	G00　X100.0；	
N260	G28　U0　W0　T0　M05；	
N270	G97　G99　S500　T0404　M04；	主轴转速为 500r/min，调用 4# 刀具，导入 4# 刀补
N280	G00　X62.0　Z5.0；	设置螺纹加工循环起点
N290	G92　X59.2　Z-28.0　F2.0；	螺纹加工循环指令，螺距为 2mm
N300	X58.5；	

（续）

程　　序	注　　释
O0002；	程序名
N310　X58.0；	
N320　X57.7；	
N330　X57.5；	
N340　X57.4；	
N350　G28　U0　W0　T0　M05；	
N360　M54；	C 轴离合器合上
N370　G28　H−30.0；	C 轴回归机械原点
N380　G50　C0；	设定 C 轴坐标系
N390　G97　G98　S1000　T1111　M03　F10；	铣刀转速为 1000r/min，进给量为 10mm/min
N400　G00　X64.0　Z−40.0；	铣刀定位点
N410　M98　P61000；	调用 6 次子程序 1000 铣 $\phi8$mm 孔
N420　G28　U0　W0　C0　T0　M05；	
N430　G50　C0；	
N440　G97　G98　S1200　T0909　M03；	铣刀转速为 1200r/min
N450　G00　X44.0　Z1.0；	铣刀定位点
N460　M98　P21001；	调用 2 次子程序 1001 铣端面圆弧槽
N470　G00　H−45.0；	
N480　G01　Z−5.0　F6；	铣分度孔
N490　Z1.0　F20；	
N500　G00　H180.0；	
N510　G01　Z−5.0　F6；	铣分度孔
N520　G01　Z1.0　F20；	
N530　G28　U0　W0　C0　T0　M05；	
N540　M55；	C 轴离合器脱开
N550　M30；	程序结束

表 2-16　连接零件加工参考程序（铣 $\phi8$mm 孔子程序）

程　　序	注　　释
O1000；	程序名
N10　G01　X52.0　F5；	
N20　G04　X1.0；	铣刀在槽底停留 1s
N30　X64.0　F20；	
N40　G00　H60.0；	工件转 60°
N50　M99；	子程序结束

表 2-17　连接零件加工参考程序（铣端面圆弧槽子程序）

程　　序		注　　释
	O1001；	程序名
N05	G01　Z-5.0　F6；	
N10	G01　H90.0　F6；	工件以 G01 速度旋转 90°
N20	G04　X1.0；	
N30	Z2.0；	
N40	G00　H90.0；	工件以 G00 速度旋转 90°
N50	M99；	子程序结束

5. 实例小结

本例主要介绍了在车削中心加工连接零件的方法和加工工艺及编程，加工过程主要涉及外轮廓面粗车循环指令 G71、精车循环指令 G70、螺纹循环指令 G92、调用子程序指令 M98 的使用。

2.3　数控车工（技师）编程实例

技师实操技能鉴定试题中的工件，一般由两个工件组合而成，每个工件都由较复杂的元素组成（如椭圆、抛物线、内外梯形螺纹等），加工时不仅要保证单件自身的尺寸精度、几何精度，还要兼顾全部工件组装后的尺寸精度、几何精度。

宏程序作为数控加工手工编程的一个难点，是考核编程能力的重要指标。每届数控大赛，都会有宏程序的身影，每一次技师、高级技师技能鉴定中，都会有宏程序的应用。宏程序作为衡量一名优秀数控编程人员的综合指标，是技师必须掌握的重要知识。

2.3.1　技师实操解析

技能大师经验谈：

1) 该工件在编程时要注意计算各个节点的位置坐标。

2) 技能鉴定不是做批量产品，程序应尽可能简短，减少出错概率。

3) 规划合理的走刀路线，选择合适的刀具，尽可能缩短拆装刀具的辅助时间。

4) 内轮廓精车刀和外轮廓精车刀的刀尖圆弧半径要一致。

5) 对刀后要及时验证对刀数值的正确性。

6) 加工过程中要注意观察主轴转速、走刀速度，通过机床操作面板按钮及时做出调整。

1. 工艺分析

（1）分析零件图　如图 2-23、图 2-24、图 2-25 所示，技师技能鉴定试题为两个配合工件，毛坯为 $\phi60mm \times 120mm$、$\phi60mm \times 60mm$ 棒料，材料为 45 钢。该零件需要加工内外锥、内外螺纹、内外退刀槽以及抛物线、椭圆等；配合装配时，要保证 $25_{-0.05}^{\ 0}mm$ 和 $75_{-0.05}^{\ 0}mm$ 的配合尺寸；内外锥度配合时，着色要求 70%以上，并均匀分布。

（2）分析加工难点

1) 从图中可看出，该工件配合尺寸的公差只有 0.05mm，虽然没有标注几何公差，但是

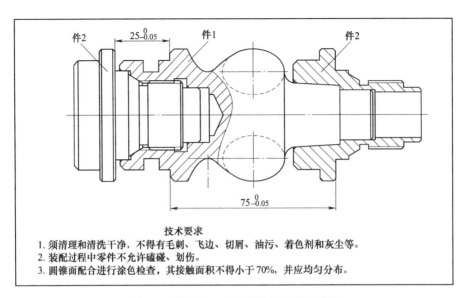

技术要求
1. 须清理和清洗干净，不得有毛刺、飞边、切屑、油污、着色剂和灰尘等。
2. 装配过程中零件不允许磕碰、划伤。
3. 圆锥面配合进行涂色检查，其接触面积不得小于70%，并应均匀分布。

图 2-23　数控车工技能操作技能考试试题

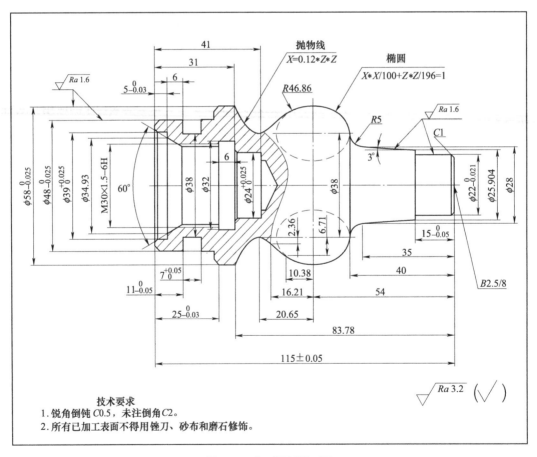

抛物线
$X = 0.12*Z*Z$

椭圆
$X*X/100 + Z*Z/196 = 1$

技术要求
1. 锐角倒钝 $C0.5$，未注倒角 $C2$。
2. 所有已加工表面不得用锉刀、砂布和磨石修饰。

图 2-24　曲面圆弧锥面轴

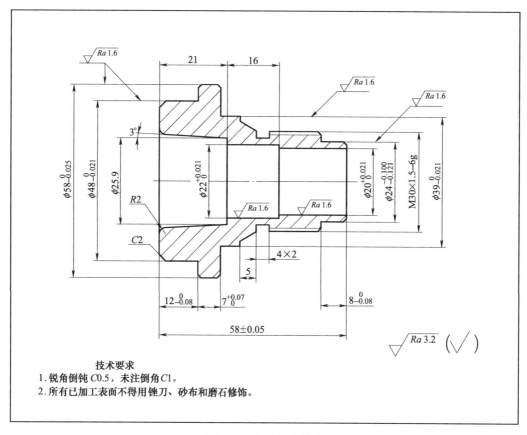

图 2-25　螺纹锥度轴套

对工件两端的同轴度、垂直度要求极高，可以靠工艺保证。

2）用三角函数计算锥度与圆弧过渡处的切点。

3）件 1 中抛物线和椭圆使用宏程序加工，需要引入变量和表达式，还有函数功能，具有实时动态计算能力。

4）技能鉴定考试时间有限，必须合理地规划安装刀顺序，缩短装刀、对刀的辅助时间。

5）由于刀尖圆弧半径补偿对锥度配合有较大影响，当配合精度要求较高时，内孔、外圆精车刀刀尖圆弧半径要保持一致，并且要使用刀尖圆弧半径补偿功能。

（3）分析加工方案

1）确定装夹方案　件 2 使用自定心卡盘夹持外圆长度为 10mm。零件的加工长度为 62mm，毛坯的装夹如图 2-26 所示。

2）安排总体工序　先加工件 2 右端→再加工件 1 左端→然后配车件 2 左端→最后加工件 1 右端。

3）加工工序设计

① 先加工件 2 右端面，手动用 $\phi18$mm 的麻花钻钻通孔，粗精加工外轮廓至 $\phi58$mm 外圆右端倒角处（将倒角加工完），加工退刀槽、M30 外螺纹以及 $\phi20^{+0.021}_{0}$mm 内孔，如图 2-27 所示。检查所有尺寸，拆下工件。

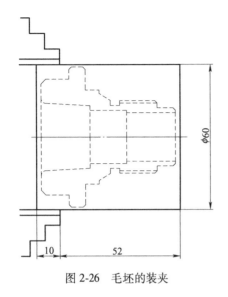

图 2-26　毛坯的装夹

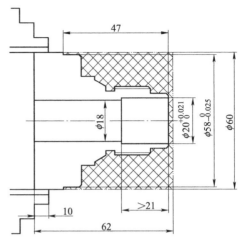

图 2-27　加工件 2 右端面

② 加工件 1 左端外轮廓，加工至 ϕ58mm 外圆处，将 ϕ58mm 外圆多车 15mm 长（用来调头打表校正），加工内轮廓，切内外槽，加工内螺纹（图 2-28），配合件 2，测量并保证 $25_{-0.05}^{0}$mm 尺寸。

③ 将件 2 右端配在件 1 左端上（图 2-29），加工端面控制总长，加工件 2 左端外轮廓以及内锥、内轮廓并保证其尺寸。

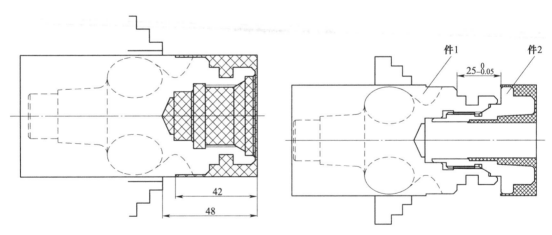

图 2-28　加工件 1 左端面　　　　　　图 2-29　件 2 右端配在件 1 左端上

④ 垫 0.3mm 厚铜皮，夹持件 1 左端，将 ϕ58mm 台阶顶在卡盘上，打表校正，车端面（端面留 0.5mm 精车余量），打表复查外圆跳动，并检查工件右端面与工件 ϕ58mm 台阶左端平面处的平行度（公差为 0.02mm），精车端面后钻 2.5mm 的中心孔，采用一夹一顶的装夹方式，加工件 1 右端（图 2-30）。配合件 2，测量并保证 $75_{-0.05}^{0}$mm 的配合尺寸。

2. 刀具清单

选定的刀具参数见表 2-18。

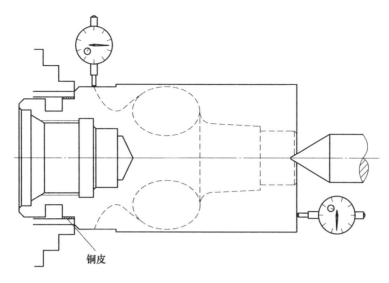

铜皮

图 2-30　采用一夹一顶的装夹方式，加工件 1 右端

表 2-18　刀具参数

序号	刀具号	刀具名称及规格	数量	加工表面	刀尖圆弧半径/mm	备注
1	T0101	93°外圆车刀	1	端面及外圆	0.4	刀尖角 80°
2	T0202	圆弧尖刀	1	凹凸外轮廓	0.4	刀尖角 35°
3	T0303	外圆切槽刀	1	切槽	0.4	刀刃宽度 4mm
4	T0404	外螺纹车刀	1	外螺纹	0.2	刀杆直径 ϕ16mm，P＝1.5mm
5	T0505	不通孔车刀	1	内孔	0.4	刀杆直径 ϕ16mm、刀尖角 80°
6	T0606	不通孔切刀	1	内沟槽	0.4	刀杆直径 ϕ16mm
7	T0707	内螺纹车刀	1	内螺纹	0.2	P＝1.5mm
8	T0808	中心钻	1	中心孔		B 型 ϕ2.5mm
9	T0909	麻花钻	1	钻孔		ϕ18mm

3. 确定切削用量

该零件的切削用量见表 2-19。

表 2-19　切削用量

加工内容	背吃刀量/mm	转速/（r/min）	进给量/（mm/r）
手动钻 ϕ18mm 底孔	9	300	手动
粗加工外圆轮廓	2	800	0.3
精加工外圆轮廓	0.5	1500	0.1
加工件 2 螺纹退刀槽	4	600	0.08
粗加工件 1 外圆槽	4	600	0.08
精加工件 1 外圆槽	4	1200	0.1
粗车内孔	1	800	0.2

（续）

加工内容	背吃刀量/mm	转速/(r/min)	进给量/(mm/r)
精车内孔	0.5	1500	0.1
粗加工凹凸轮廓	1	800	0.2
精加工凹凸轮廓	0.5	1500	0.1
加工内外螺纹	0.3	800	1.5
中心孔	1.25	1200	手动

4. 抛物线、椭圆宏程序与注释

在加工件 1 右端时，工件坐标原点设置在右端的端面圆心位置。将件 1 右端外圆、锥度、椭圆、抛物线等元素的精加工程序编辑注释，见表 2-20，粗加工程序套用 G73 循环指令即可。

表 2-20　加工件 1 右端外轮廓参考程序（FANUC 0i）

程　序		注　释
	O0008;	程序名
N10	G99　G40　G21　G97;	每转进给/取消刀补/米制模态/取消恒限速
N20	T0202;	调用 2# 刀具，导入 2# 刀补（外圆尖刀）
N30	S1500　M03;	转速 1500r/min，主轴正转
N40	G00　X62.0　Z2.0;	快速定位至安全位置
N50	M08;	打开切削液
N60	G42　G00　X18.0　Z1.0;	刀尖右补偿，快速点定位到倒角起刀点
N70	G01　X22.0　Z-1.0　F0.1;	倒角，进给量为 0.1mm/r
N80	G01　Z-14.975;	车 φ22mm 外圆
N90	G01　X25.904　C-0.5;	车至锥度左端到锐角倒钝
N100	G01　X28.0　Z-35.26;	车 3°斜度
N110	G02　X38.0　Z-40.0　R5.0;	加工 R5 圆角
N120	#1=14;	椭圆长半轴
N130	#2=10;	椭圆短半轴
N140	#3=10;	椭圆 Z 向起点
N150	#4=SQRT [#1*#1-#3*#3] *10/14;	椭圆公式，计算椭圆 X 方向值
N160	#5=#3-54;	椭圆 Z 坐标值转换至工件 Z 坐标值
N170	#6=#4*2+38;	椭圆 X 坐标值转换至工件 X 坐标值
N180	G1　X [#6]　Z [#5]　F0.1;	直线拟合线段加工椭圆
N190	#3=#3-0.1;	椭圆 Z 向变量

（续）

程　　序		注　　释
O0008；		程序名
N200	IF　［#3　GE-10.38］　GOTO150；	条件跳转语句，当#3 大于或等于-10.38 时跳转到 N150 号程序段
N210	G01　X51.42　Z-64.38；	走到圆弧起点坐标
N220	G03　X42.72　Z-70.21　R46.86；	加工 R46.86 圆弧
N230	#10=4.44；	抛物线 Z 向起点
N240	#11=-#10*#10*0.12；	抛物线公式，计算抛物线 X 坐标值
N250	#12=#10-20.65-54；	抛物线 Z 坐标转换为工件 Z 坐标值
N260	#13=2*#11+38；	抛物线 X 坐标转换为工件 X 坐标值
N270	G01　X［#13］　Z［#12］　F0.1；	直线拟合线段加工抛物线
N280	#10=#10-0.1；	抛物线 Z 向变量
N290	IF［#10　GE　-12］　GOTO　250；	条件跳转语句，当#10 大于或等于-12 时跳转到 N250 号程序段
N300	G00　X62.0；	X 向退刀
N310	Z2.0；	Z 向退刀
N320	G00　X150.0　Z50.0；	注意尾座、顶尖，保证不发生干涉，退刀
N330	M30；	程序结束

5. 实例小结

本节主要介绍了技师技能鉴定试题的加工工艺及宏程序的应用，加工过程主要涉及内外锥度配合、螺纹配合以及高精度槽的加工，使用宏程序完成椭圆抛物线的加工。其中，宏程序编程的难度较大，其编程格式不固定，涉及的知识面广，最重要的是需要具有良好的逻辑思考能力。本节以椭圆曲线、抛物线公式编程为例，以逻辑顺序将需要用到的知识点进行串联，并总结分析椭圆、抛物线公式曲线宏程序的应用。

2.3.2　技能大赛实操解析

数控车历届技能大赛实操试题，基本包括轴孔配合、锥面配合、螺纹配合、圆弧配合等基本配合。其中，单件精度和组合件的精度要求都很高。往往由于比赛机床精度的差异性和现场条件的限制，按工厂传统工艺加工需要耗费选手更多的时间和精力。所以在比赛时，为了达到精度要求，通常不优先加工单件。尽量利用比赛件的配合特性互为夹具进行加工。甚至要利用原材料的加工余量现场制作简单夹具来加工。

职业技能大赛是依据国家职业技能标准，结合生产和经营工作，实际开展的以突出操作技能和解决实际问题能力为重点的有组织的竞赛活动。正文里介绍的组合件如图 2-31 所示，是株洲市第一届"石峰杯"数控技能大赛数控车练习题。这套习题，包含了轴孔配合、锥面配合、螺纹配合、圆弧配合等基本配合，其尺寸精度高、几何公差小、配合要求高等特点。

2.3.3 技能大赛实操试题的加工实例

技能大师经验谈：

1）该工件在编程时要注意计算各圆弧的定点位置。

2）需要配合的圆弧应用同一把刀加工。

3）加工过程中注意所选择的刀具要与程序中所选刀具以及它们的安装位置保持一致。

4）注意几何公差，只有保证几何公差才能保证整体配合尺寸。

5）对刀后要及时验证对刀数值的正确性。

6）选择合理的切削用量和刀具形状，避免观察主轴转速、进给量和切削状态，要在走刀过程中完成下一步的加工程序，节约辅助时间。

7）加工内孔时尽可能选择大的刀杆直径，避免加工过程中出现振刀现象而影响内孔质量。

1. 工艺分析

（1）分析装配图

1）图 2-31 所示为该零件的装配图。

2）如图 2-33（件 2）所示，零件加工内容有外圆、内孔、圆弧面、外槽、外螺纹。

3）如图 2-33（件 3）所示，零件加工内容有外圆、内孔、内锥、内槽、圆弧面。

4）如图 2-34（件 1）所示，零件加工内容有外圆、内孔、内槽、内螺纹、外锥面、圆弧面和椭圆曲面。

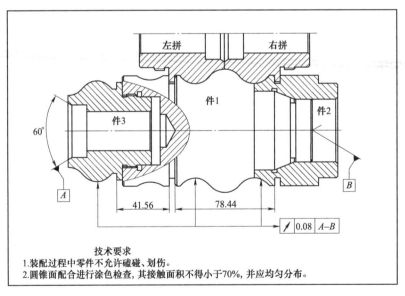

图 2-31 零件的装配图

（2）分析加工难点

1）如图 2-32 所示，$\phi 60^{+0.03}_{0}$ mm 内孔与 $\phi 48^{+0.02}_{0}$ mm 内孔需同时参与配合。两个内孔需一次加工，刀杆同样需要伸出 70mm 长。悬伸过长，容易引起振刀；$\phi 72^{0}_{-0.04}$ mm、$\phi 84^{0}_{-0.04}$ mm 外圆有同轴度要求，此尺寸只能靠打表校正，在自定心卡盘上难度较大；$51^{-0.04}_{-0.06}$ mm 的长度尺寸难以保证。

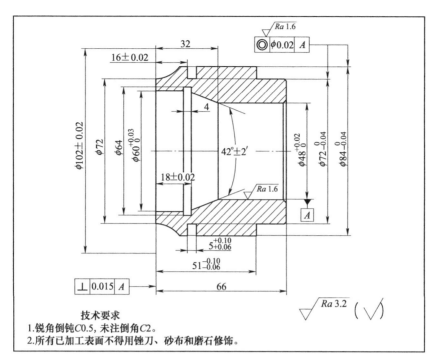

图 2-32　锥度套（件 2）

2）如图 2-33 所示，$\phi52_{-0.025}^{0}\mathrm{mm}$、外圆相对于 $\phi40_{0}^{+0.025}\mathrm{mm}$ 内孔轴线同轴度公差不允许

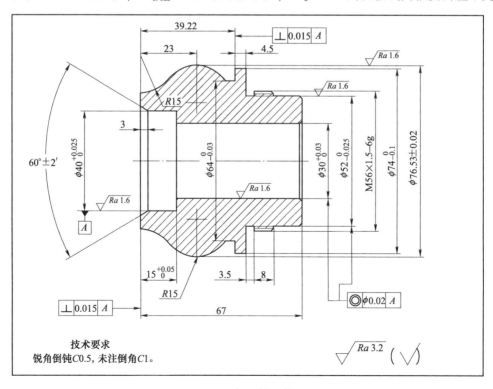

图 2-33　螺纹轴（件 3）

超过 0.02mm；4.5mm 厚度左端面 $\phi 40_{0}^{+0.025}$ mm 内孔轴线垂直度公差不允许超过 0.015mm；为保证 $\phi 30_{0}^{+0.03}$ mm 内孔相对于 $\phi 40_{0}^{+0.025}$ mm 内孔轴线同轴度，两个内孔需一次加工，刀杆需要伸出 70mm 长。悬伸过长，容易引起振刀。

3）如图 2-34 所示，$\phi 48_{-0.02}^{0}$ mm、$\phi 60_{-0.03}^{0}$ mm 外圆相对于 $\phi 52_{0}^{+0.02}$ mm 内孔轴线同轴度公差不允许超过 0.02mm。

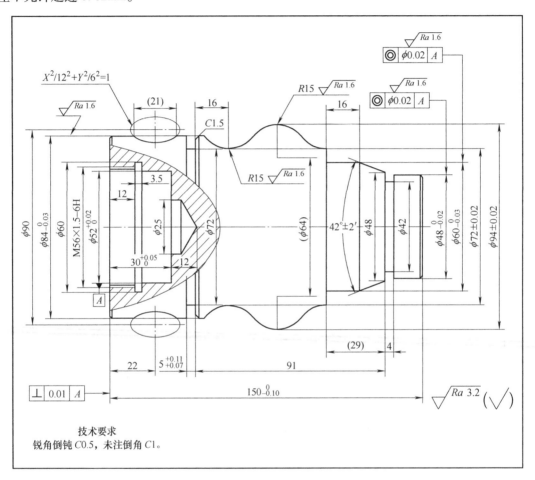

图 2-34 椭圆锥度轴套（件 1）

4）加工内外锥面时，如果车刀中心高对不准，加工出来的锥面是双曲线。导致圆锥配接触面达不到要求以及圆弧面配合间隙超差。

（3）分析加工方案 综合上述加工难点与工艺分析有两套工艺方法可实施。

第一套工艺确定加工步骤如下：

1）加工件 3 的右端如图 2-35 所示。

①夹毛坯面，钻 $\phi 25$mm 通孔。

②粗精车端面，将 $\phi 74_{-0.10}^{0}$ mm、$\phi 52_{-0.025}^{0}$ mm 外圆以及 3.5mm 退刀槽和 M56×1.5 外螺纹加工至尺寸，各处倒角、锐角倒钝。

③内孔车至 $\phi 28$mm，孔口倒角 C2。

2）加工件 1 的左端如图 2-36 所示。

①夹毛坯面，钻 φ25mm 孔，深为 42mm。

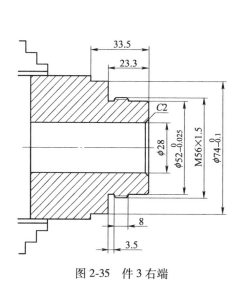

图 2-35　件 3 右端

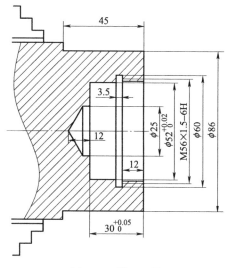

图 2-36　件 1 左端

②粗精车端面，车外圆工艺台阶 φ86mm×45mm。

③粗精加工 $\phi52^{+0.02}_{0}$ mm 内孔以及螺纹底孔，切螺纹退刀槽至尺寸，各处倒角去毛刺，加工 M56×1.5-6H 内螺纹。

3）加工件 3 如图 2-37 所示。

①将件 3 外螺纹旋进件 1 内螺纹。利用 φ52mm 孔轴配合定位，螺纹旋紧力将其固定。

②用坐标值确定件 2 总长。

③粗精加工件 2 $\phi30^{+0.03}_{0}$ mm、$\phi40^{+0.025}_{0}$ mm 内孔、孔口 60°倒角。

4）调头加工件 1，如图 2-38 所示。

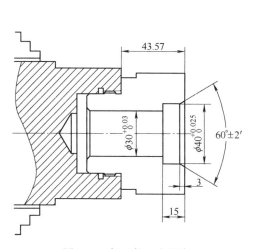

图 2-37　加工件 3 内轮廓

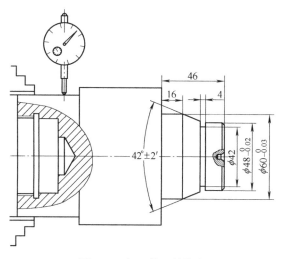

图 2-38　加工件 1 外轮廓

① 调头夹 $\phi 86mm \times 45mm$ 工艺台阶，打表校正后加工件 1 的右端面，控制总长尺寸，并钻中心孔。

② 将外圆车刀中心高对准。车 $\phi 48_{-0.02}^{0}$ mm、$\phi 60_{-0.03}^{0}$ mm 外圆以及外锥，并粗精加工 4mm 宽的工艺槽。

5）加工件 2，如图 2-39 所示。

① 夹毛坯面伸出 53mm 长，钻 $\phi 25mm$ 通孔。

② 粗精车端面，将 $\phi 72_{-0.04}^{0}$ mm、$\phi 84_{-0.04}^{0}$ mm 外圆加工至尺寸，各处倒角、去毛刺。保证 $\phi 84_{-0.04}^{0}$ mm 外圆有效长度在 45.36～50mm。

③ 内孔粗车至 $\phi 46mm$，孔口倒角 $C2$。

6）调头加工件 2，如图 2-40 所示。

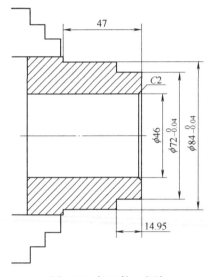

图 2-39　加工件 2 右端

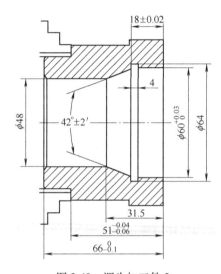

图 2-40　调头加工件 2

① 调头垫铜皮，夹 $\phi 72_{-0.04}^{0}$ mm 外圆，打表校正，定总长并保证 $51_{-0.06}^{-0.04}$ mm 的长度尺寸。

② 对准内孔精车刀中心高，粗精加工 $\phi 60_{0}^{+0.03}$ mm、$\phi 48_{0}^{+0.02}$ mm 内孔以及内锥，并粗精加工内沟槽至尺寸。

7）组合配车，如图 2-41 所示。

① 车完件 3 内孔要素后，不要松开工件，按图样要求将三个零件装配起来。机床尾座使用伞形顶尖顶紧件 2 内孔的 60°倒角，利用锥度配合的自定心性和自锁性，使用尾座顶紧工件，将组合件牢牢地固定在正确的位置上。

② 用刀尖角为 35°的尖刀将件 2 圆弧面、$\phi 64mm$ 外圆、件 1 $\phi 84_{-0.04}^{0}$ mm 外圆、椭圆曲面、圆弧面，件 3 $\phi 84_{-0.04}^{0}$ mm 外圆、圆弧面等元素粗车完，粗车过程中选取较小的吃到深度、较高的切削速度，最终单边留量 0.5mm。

③ 车床均存在锥度问题，需要将各个元素分节精车，以保证其加工精度。

④ 选 3mm 宽的切槽刀，选择合理的切削用量，粗精车 4.5mm 宽的外圆槽。

第二套工艺确定如下步骤：

1）加工件 1，如图 2-42 所示。

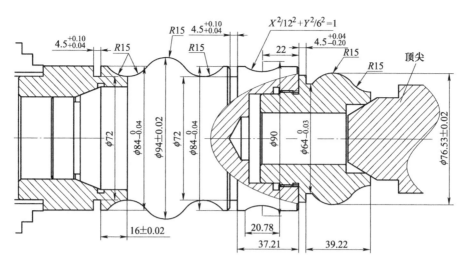

图 2-41　组合配车

① 使件 1 毛坯左端顶紧卡盘端面，夹紧件 1 毛坯面，车端面总长 151mm 左右，钻 $\phi25mm$ 孔，深 42mm，精加工端面，总长控制在 150.7mm 左右。

② 粗加工 $\phi52^{+0.02}_{0}$ 内孔至 $\phi51.5mm$，加工 $\phi60mm \times 3.5mm$ 螺纹退刀槽和 M56×1.5−6H 内螺纹。最后精加工 $\phi52^{+0.02}_{0}mm$ 内孔并去毛刺。

2）加工件 3，如图 2-43 所示。

① 夹毛坯面，钻 $\phi25mm$ 通孔，精加工端面。

② 粗精加工 $\phi52^{0}_{-0.025}mm$、$\phi74^{0}_{-0.1}mm$ 外圆，切 3.5mm 螺纹退刀槽，加工 M56×1.5 外螺纹至尺寸，各处倒角去毛刺。

③ 内孔车至 $\phi28mm$，孔口倒角 C2。

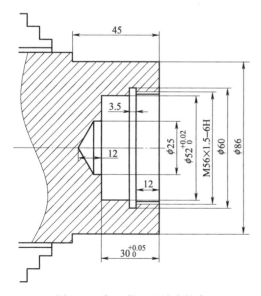

图 2-42　加工件 1 左端内轮廓

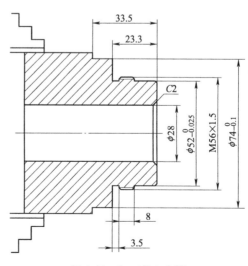

图 2-43　加工件 3 右端

④ 件 3 不要拆下，将件 1、件 3 螺纹配合，加工件 1 端面控制总长，钻中心孔。顶尖顶紧，粗车件 1 外轮廓并切槽，如图 2-44 所示。

⑤ 松开顶尖，用杠杆千分表检测件 3 $\phi 74_{-0.10}^{0}$ mm 外圆和件 1 左端面是否跳动，如果跳动需要找正后再进行精加工。

⑥ 为了消除机床加工误差的影响，需分段进行精加工。

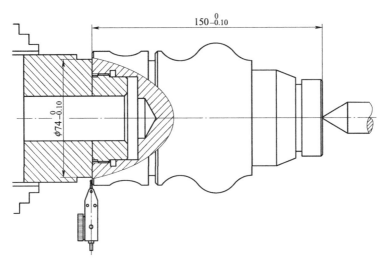

图 2-44　加工件 1 外轮廓

3）用件 2 原材料制作夹具，如图 2-45 所示。利用件 2 毛坯制作螺纹夹具，加工 $\phi 52_{0}^{+0.02}$ 内孔，做定位基准。具体形状参考件 1 左端内轮廓，如图 2-42 所示。

4）加工件 3，如图 2-46 所示。加工好的内螺纹夹具不要拆下，将件 3 配到螺纹夹具上，控制总长，再加工件 3 的球面和内轮廓，加工完后复查所有尺寸后拆下。

5）加工件 2，如图 2-47 所示。加工完件 2 后，卸下螺纹夹套，将螺纹夹套伸出 53mm 后夹紧，粗加工件 2 左端内外轮廓，切内沟槽，粗精加工 4.5mm 外圆槽，最后精加工内外轮廓并保证其尺寸。

6）调头加工件 2，如图 2-48 所示。垫铜皮夹持 $\phi 84$mm 外圆，打表校正外圆，加工端面，用千分尺测量对应四个点的总长，标出差值，打表找正端面后控制总长，加工 $\phi 72$mm 外圆并保证 $51_{-0.06}^{-0.04}$ mm 的长度尺寸并倒角去毛刺。

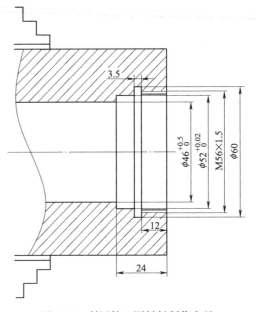

图 2-45　利用件 3 原材料制作夹具

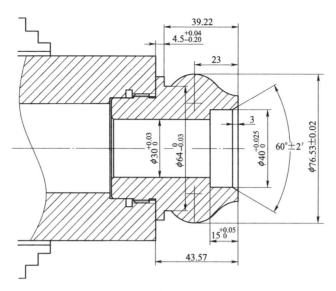

图 2-46　加工件 3 左端

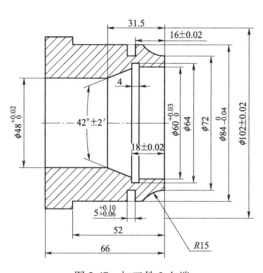

图 2-47　加工件 2 左端

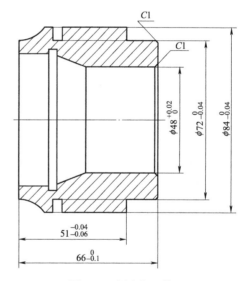

图 2-48　调头加工件 3

技能大师经验谈：

第一套工艺的优点和缺点：

优点：最后组合配车工序比较集中，可减轻选手的劳动强度。

缺点：过于依赖自定心卡盘和卡爪精度，对尾座的顶紧力过于依赖，42°圆锥并不是自锁锥。如果锥配接触面不够，顶紧力不够，容易造成打滑，会出现锥面烧结。

第二套工艺的优点和缺点：

优点：不依赖卡盘和卡爪精度就能很好地保证各零件的几何公差。

缺点：要临场制作夹具，对选手的熟练度要求较高，劳动强度也会稍大。

综合两套工艺的优点、缺点，以保证零件精度为主，优先选用第二套工艺。

2. 刀具清单

选定的刀具参数见表 2-21。

表 2-21　刀具参数

序号	刀具号	刀具名称及规格	数量	加工表面	刀尖圆弧半径/mm	备注
1	T0101	93°外圆车刀	1	端面及外圆	0.4	刀尖角 80°
2	T0202	93°尖刀	1	凹凸外轮廓	0.4	刀尖角 35°
3	T0303	外圆切槽刀	1	切槽	0.4	切削刃宽度为 3mm，最大切槽深度为 10mm
4	T0404	螺纹车刀	1	外螺纹	0.2	$P = 1.5mm$
5	T0505	内孔车刀	1	内孔	0.4	$\phi 52mm$ 通孔，$\phi 3mm$，$\phi 46mm$ 通孔
6	T0606	不通孔切刀	1	内沟槽	0.4	刀杆直径 $\phi 20mm$，切削刃宽度 3mm
7	T0707	内螺纹车刀	1	内螺纹	0.2	刀杆直径 $\phi 20mm$，$P = 1.5mm$
8	T0808	中心钻	1	中心孔	—	B 型 $\phi 2.5mm$
9	T0909	麻花钻	1	钻孔	—	$\phi 24mm$

3. 确定切削用量

该零件的切削用量见表 2-22。

表 2-22　切削用量

加工内容	背吃刀量/mm	转速/(r/min)	进给量/(mm/r)
手动钻 $\phi 25mm$ 底孔	12.5	300	手动
粗加工件 1 内轮廓	1.5	800	0.3
精加工件 1 内轮廓	0.5	1500	0.1
加工件 1 内螺纹退刀槽	3.5	600	0.08
加工件 1、2 内外螺纹	0.3	800	1.5
粗加工件 2 右端外轮廓	2	800	0.3
精加工件 2 右端外轮廓	0.5	1500	0.1
加工件 2 外螺纹退刀槽	4	800	0.08
粗加工件 1 所有外轮廓	0.75	1200	0.2
精加工件 1 所有外轮廓	0.5	1500	0.1
粗加工件 1、3 外圆槽	4	800	0.08
精加工件 1、3 外圆槽	4	1200	0.1
粗加工件 2 左端外轮廓	1	1000	0.2
粗加工件 2 内轮廓	1	800	0.2
精加工件 2 左端外轮廓	0.5	1500	0.1
精加工件 2 内轮廓	0.5	1200	0.1
粗加工件 3 轮廓	2	800	0.2

（续）

加工内容	背吃刀量/mm	转速/(r/min)	进给量/(mm/r)
粗加工件 3 轮廓	1.5	800	0.2
加工件 3 内沟槽	3	800	0.08
精加工件 3 轮廓	0.5	1500	0.1
精加工件 3 轮廓	0.5	1500	0.1

4. 件 1 左端外圆椭圆宏程序与注释

目前，数控大赛均采用自动编程，编制程序前首先要分析加工工艺，选择合适的刀具，合理地安排走刀路线，然后采用编程软件绘制零件图，最终生成刀路，转化为机床所能识别的加工程序。此技能竞赛试题，可完全依靠自动编程加工，也可采用手工编程加工。手工编程椭圆是宏程序的编程难点，此试题仅以件 1 外轮廓椭圆为例，采用宏程序加工，结合第二套加工工艺，其编程零点在件 1 右端面的中心位置。其程序见表 2-23。

表 2-23　工件 1 左端椭圆轮廓参考程序（FANUC 0i）

程　　序		注　　释
	O0009;	程序名
N10	G99　G40　G21　G97;	每转进给/取消刀补/米制模态/取消恒限速
N20	T0202;	调用 2# 刀具，使用 2# 刀补（外圆尖刀）
N30	S1000　M03;	转速为 1000r/min，主轴正转
N40	G00　X100.0　Z2.0;	快速定位至安全位置
N50	M08;	打开切削液
N60	G42　G00　X98.0　Z−115.0;	刀尖右补偿，快速点定位至椭圆右上角安全位置
N70	#1 = 12;	长半轴
N80	#2 = 6;	短半轴
N90	#3 = 11;	长半轴 Z 向起始位置
N100	#3 = #3−0.1;	椭圆 Z 向变量
N110	#5 = SQRT [#1 * #1 − #3 * #3] * 0.25;	椭圆公式，计算椭圆 X 方向值
N120	#6 = #3−127;	椭圆 Z 坐标值转换至工件 Z 坐标值
N130	#7 = 90−[#5 * 2];	椭圆 X 坐标值转换至工件 X 坐标值
N140	G1　X [#7]　Z [#6]　F0.1;	直线拟合线段加工椭圆
N150	IF　[#3　GE　−11]　GOTO　100;	条件跳转语句，当#3 大于或等于−11 时跳转到 N100 号程序段
N160	G00　X200.0;	椭圆加工完成，X 向退刀
N170	G40　G00　Z2.0;	取消刀具半径补偿，Z 向退刀
N180	G00　X150.0　Z50.0;	注意尾座、顶尖，保证不发生干涉，退刀
N190	M09;	关切削液
N200	M30;	程序结束

5. 实例小结

本节主要通过对第一届"石峰杯"数控技能大赛数控车练习题的工艺阐述，来介绍加工、比赛件和技能鉴定考试的一些实用的方法。其中包括了"单件零件工艺分析"和"组合件工艺分析"，涉及了"组合配车""刀具选定""夹具制作"等重要因素的应用。通过两套工艺的分析比较，为了保证其加工精度，最终选取第二套加工工艺。归根究底就是"利用比赛件配合件的特性，互为夹具进行加工""利用原材料的加工余量现场制作简易夹具来装夹加工"。总之，为了保证零件的加工精度，要想尽一切办法来消除机床、卡盘、尾座带来的加工误差，从而保证其精度。

2.4 数控车工复杂零件编程实例

2.4.1 细长轴的技术特点和加工难点

1. 细长轴的技术特点

所谓细长轴，就是工件的长度与直径比大于25（即 $L/D>25$）的轴类零件。由于细长轴的刚性非常差，在车削加工的过程中受到机床精度、刀具角度、径向切削力、切削热以及振动等因素影响，极易使工件产生变形，造成直线度、圆柱度等加工误差出现，致使产品难以满足图样上的几何精度和表面质量等技术要求。L/d 值越大，车削加工越困难。

2. 细长轴的加工难点

1）车削时，工件在径向切削力的作用下极易产生弯曲变形，从而影响加工精度和表面粗糙度。

2）工件在加工过程中产生的振动以及受到产品自重等因素影响，会造成工件圆柱度和表面粗糙度难以满足加工要求。

3）当工件在机床主轴的带动下处于高速旋转时，在离心力的作用下，加剧了工件的绕动弯曲。

4）加工过程中产生的切削热会造成工件长度方向变长，在顶尖顶住工件的情况下，会使工件发生弯曲变形，从而影响加工质量。

2.4.2 细长轴的加工实例

1. 技术特点分析

细长轴的刚性较差，同时在加工过程中因受到机床和刀具以及切削液等众多因素的影响，极易使工件产生弯曲腰鼓形、多角形、竹节形等缺陷。特别是在磨削淬火调质的加工过程中，由于磨削时产生切削热，更加容易引起工件变形，因此如何有效地解决上述问题，便成了加工细长轴的关键问题。

车削细长轴在很多领域的机械加工中较为常见，如机床上的光杠与丝杠，由于其刚性差，加工难度较大。如果能够合理地装夹定位工件，选择合适的刀具角度及切削用量，并采用正确的切削方法，就能够有效地降低切削温度，减少切削热带来的热变形，最终获得满意的加工效果。

基于细长轴的加工特点和技术要求，在车削特别是高速车削时，要想顺利地把它车好，

必须注意下列问题:

1) 机床调整。车床主轴母线与尾座中心线及车床大托板的导轨必须平行,直线度误差在 300mm 内应小于 0.02mm。

2) 工件的装夹。一般地,在车削细长轴时,均是采用"一夹一顶"的装夹方法。用卡盘装夹工件时,卡爪夹持工件的长度不宜超过 15mm,如果条件允许,最好在卡爪与工件之间套入一个开口套。在用尾座顶尖顶工件进行粗加工时,宜采用弹性顶尖,这样当工件因受切削热而伸长时,顶尖能轴向伸缩,以尽可能地减少工件的弯曲变形。

3) 刀具角度。为了减小径向切削力,宜选用较大的主偏角,采用主偏角为 75°~90°,副后角为 4°~6°的偏刀,同时前刀面应磨出 $R = 1.5 \sim 3\text{mm}$ 的断屑槽,前角一般取 15°~30°,精车时刃倾角应取负值,使切屑流向待加工表面,并经常保持切削刃锋利。在安装外圆车刀时,中心高应略高于中心 0.1mm。

4) 跟刀架。跟刀架作为车床的通用配件,主要用于在刀具切削点的附近支承工件,并与刀架导轨一起做轴向运动。跟刀架与工件接触的支承块一般采用耐磨的球墨铸铁或青铜材料。对于支承爪的圆弧修整,应以粗车后的外圆来进行,修整的方法可采用研、铰、镗等方法,使跟刀架的支承爪与工件接触的弧面半径大于或等于工件半径,一定不能小于工件半径,以防止产生多棱现象。另外,在调整跟刀架的支承爪时,只要让支承爪与工件外圆轻轻接触即可,不要用力,以免擦伤工件或产生竹节现象。采用跟刀架能有效地抵消加工时径向切削分力和工件自重的影响,从而减少切削振动和工件变形。但必须注意仔细调整,使跟刀架的中心与机床的主轴中心线保持一致。

5) 切削用量。车削细长轴时,切削用量应比普通轴类零件适当减小,用硬质合金车刀粗车,可按表 2-24 中的切削用量执行。

表 2-24 切削用量的参数选择

序号	工件直径 d/mm	工件长度 L/mm	进给量/(mm/r)	背吃刀量/mm	切削速度/(mm/min)
1	20	500~1000	0.2~0.25	1.5~2	50~70
2	25	650~1000	0.25~0.3	1.5~2	50~70
3	30	800~1500	0.3~0.35	2~2.5	60~80
4	35	1000~2000	0.3~0.35	2~2.5	60~80
5	40	1200~2500	0.3~0.35	2.5~3	60~80

精车时,当用硬质合金精车刀车削 $\phi 20 \sim \phi 40\text{mm}$、长 1000~1500mm 的细长轴时,在保证安全的情况下,可选用 $f = 0.15 \sim 0.2\text{mm/r}$,$a_p = 0.2 \sim 0.3\text{mm}$,$v_c = 70 \sim 100\text{mm/min}$ 的切削用量。

6) 辅助支承 当工件的长度与直径之比达到 30 倍时,应在车削过程中增设辅助支承,以防止工件振动或因离心力的作用而将工件甩弯。切削过程中注意顶尖的调整,以轻轻顶上工件为宜,不宜过紧,并在加工过程中随时进行调整,以防止工件因热胀变形而产生弯曲。

技能大师经验谈：

在车削细长轴时，除了要解决因细长轴的刚性不足而产生的弯曲、振动之外，还要注意的是细长轴在加工过程中也易出现锥度、中凹度、竹节形等。

1）锥度的产生是由顶尖和主轴中心不同轴或刀具磨损等造成的。解决办法就是调整机床精度，选用较好的刀具材料和采用合理的几何角度。

2）中凹度是"两头大、中间小"现象，影响工件的直线度。其产生原因是跟刀架外侧支承爪压得太紧，造成工件两端直径大，而中间的刚性相对较弱，支承爪就会从外侧顶过来，从而加大了背吃刀量，所以中间凹。解决方法是让支承爪不要过紧或过松。

3）竹节形是工件直径不等或表面等距不平的现象，这也是由跟刀架外侧支承爪和工件接触过紧（过松）或顶尖精度差造成的。

在进行切削时，由于支承爪接触工件过紧，当跟刀架行进到此处时，将把工件顶向刀尖，增大了背吃刀量，使此工件的直径变小，由于变小后会产生间隙，切削时的背向力又把工件推到和跟刀架支承爪接触，此时工件的直径又变大了，这样不断重复，有规律地变化，使工件一段大，一段小，形成竹节形。解决办法首选精度高的回转顶尖，并采取不停机跟刀的方法，其次还可采用宽切削刃的方法来消除竹节形。

因此，在细长轴的切削过程中，要采取高速小吃刀量或低速大吃刀量反向切削的方法，来改善切削系统，同时配有中心架或跟刀架来增加工艺系统的刚性，才能更好地完成细长轴的切削。

2. 工艺分析

（1）分析零件图　图 2-49 所示的细长轴的零件图，其毛坯已完成粗加工，所有外圆与端面均留有 2mm 加工余量，材料为 35CrMo 钢，硬度为 293～352HBW。

进行工艺分析，确定加工工序。由上述内容可知，此工件已完成粗加工，所以分两道车削工序即可完成其精加工，即先精车长端，再调头精车短端。

（2）分析加工难点

1）由于该轴的长径比达到 31∶1，导致刚性很差，在切削抗力和切削热的作用下易产生振动与弯曲变形，造成刀具和零件的相对运动准确性被破坏，致使加工出来的产品产生"中间大、两端小"的现象。

2）在加工过程中，工件受热变形因素影响，导致轴向变长，必将加剧弯曲变形，严重时会使工件在顶尖处卡住。

3）加工时一次进给所需的时间较长，刀具磨损较严重。

（3）预防解决措施

1）尽可能地增加工件刚性，以减少工件弯曲变形。

① 利用机床的液压中心架，以提高工件的刚性。

② 增大精车刀的主偏角，减小背向力，主偏角须大于 60°。

③ 局部位置采用反向进给切削法，使工件受轴向拉力，消除振动。

2）解决工件热变形伸长。

① 采用弹性回转顶尖，以补偿工件热变形伸长。

② 加注充分的切削液，以减少切削热的产生，降低切削温度。

③ 刀具保持锐利，减少车刀和工件的摩擦发热。

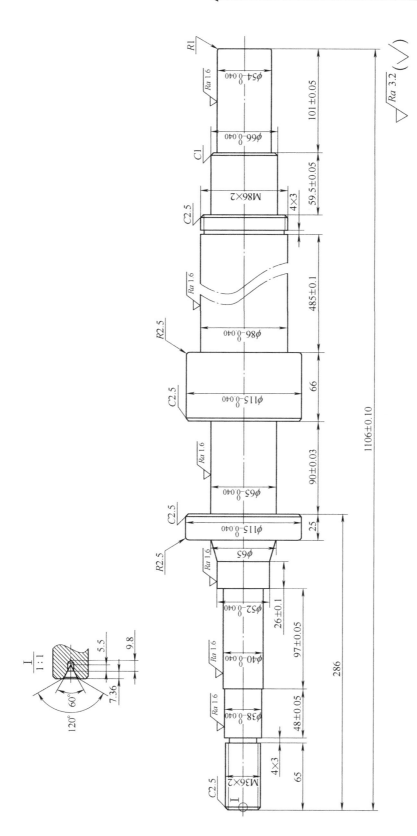

图 2-49　细长轴

④ 加大主偏角可使切屑变厚，利于断屑，可有效地避免切屑缠绕在刀头部位与工件上，防止切屑阻挡切削液出口，减少切削热的产生。

3）合理地选择刀具。

① 选用耐磨性好的涂层硬质合金刀片。

② 合理地选择刀具，特别是精车刀的几何形状。

③ 粗加工时，为了保持刀具锐利，以减小切削抗力，可选择刀尖圆弧半径较小的刀片；精加工时，为了提高表面粗糙度值，刀片的刀尖圆弧半径可略微增大。

4）机床配置。

① 单主轴：主轴的最大功率为 20kW，转速为 0~2500r/min，C 轴绕主轴旋转。

② 12 工位单刀架。尾座：连带式尾座与 Z 轴一起移动，可编程，液压可编程顶尖。

③ $\phi35~\phi250$mm 三爪自定心液压中心架，可编程完成中心架的移动、夹紧和松开。

（4）分析加工方案

1）确定装夹方案。确定装夹方式。采用"一夹一顶"的装夹方式，辅以三爪自定心液压中心架夹外圆，以增加支撑点，提高工件的刚度，减小径向切削力对细长轴的影响。

2）安排总体工序。

工序 1. 精车长端；

工序 2. 精车短端。

3）工序设计。精车长端加工工步及所用刀具见表 2-25。

表 2-25　加工工步及所用刀具

工步	工步名称	刀具	说　　明
1	产品装夹		一夹一顶
2	半精车定位面	80°左偏刀	将图样上外圆 $\phi86$mm 加工至 $\phi87.5$mm
3	精车定位面	55°左偏刀	①将图样上 $\phi86$mm 外圆加工至 $\phi87$mm ②将图样上 $\phi65$mm 外圆槽加工至 $\phi67$mm，长度为 60mm
4	关闭中心架		中心架夹持在工步 3 中加工出来的 $\phi87$mm 外圆位置
5	退尾座		
6	半精车端面	80°左偏刀	
7	精车端面	55°左偏刀	
8	精修中心孔	B6.3mm 中心钻	精修 B 型中心孔
9	清洁中心孔		
10	进尾座		
11	打开中心架		
12	移动中心架		将中心架移动至工步 3 中加工的 $\phi67$mm 外圆槽位置
13	关闭中心架		
14	半精车外圆	80°左偏刀	所有外圆径向留 0.5mm 精车余量
15	切　槽	3mm 切槽刀	M86×2 螺纹退刀槽
16	精车外圆	55°左偏刀	所有外圆按图样要求加工至尺寸
17	车螺纹	螺纹车刀	M86×2 螺纹

技能大师经验谈：

1）工步 2、3 的目的有两个：

① 通过此步骤可以调整粗车刀和精车刀的径向尺寸。

② 为工步 4 "中心架夹持外圆" 加工出一个装夹基准，中心架的滚轮长度为 50mm，为了预留一定的安全距离，该位置应加工 60mm 长。

2）工步 5 须将尾座退至绝对安全位置，以避免刀塔与尾座产生干涉而发生安全事故。

3）工步 9 的主要作用是防止中心孔锥面有碎小切屑，影响尾座顶尖的正确定位。

4）为了防止液压中心架的滚轮位置有碎小切屑，影响中心架的正确定位，在进行完工步 3 和工步 12 之后，需对中心架的滚轮位置进行清理，待确认该位置无碎小切屑后方可执行后续的工步。具体清理方式为：用手逐个拨动三个滚轮，如果滚轮上黏附有碎小切屑，需用干净的抹布或工业擦拭纸仔细清除。

5）为了防止在切外圆槽时因径向切削力较大而导致转轴产生变形，在工步的安排中先加工外圆槽，后精车外圆。

3. 选择刀具

切削刀具的选择见表 2-26。

表 2-26　切削刀具

刀具号	刀具（刀片）型号	牌号/材料	加工内容
T0101	刀杆：80°左偏刀	PCLNL 3232P-19	半精加工外圆、端面
	刀片：DNMG190608-PM	硬质合金	
T0202	刀杆：55°左偏刀	PDJNL 3232P15	精加工外圆、端面
	刀片：CNMG150604-DM	硬质合金	
T0606	刀杆：3mm 切槽刀		外圆槽
	刀片：N123G2-0300-0003-TF	硬质合金	
T0707	刀杆：螺纹车刀杆		外螺纹
	刀片：NTS-EL-16　2.00　ISO	硬质合金	
T0808	B6.3mm 中心钻	高速钢	精修 B 型中心孔

4. 确定切削用量

切削参数见表 2-27。

表 2-27　切削参数

序号	刀具（刀片）型号	转速/(r/min)	背吃刀量/mm	进给量/(mm/r)
1	外圆粗车刀	1000	0.75	0.2
2	外圆精车刀	1500	0.25	0.1
3	B6.3mm 中心钻	600/50		0.12/0.04
4	外圆 3mm 切槽刀	800	3	0.06
5	螺纹车刀	400	0.8/0.6/0.4/0.3/0.2/0.1	2

5. 程序清单与注释

①加工长端的程序见表 2-28。（以 FANUC 0i Mate TC 系统编程为例，编程零点为工件右端面圆心位置）

表 2-28　加工长端的程序

程　序		注　释
	O0001；	
N10	T0101；	半精车定位面
N20	G99；	
N30	M03　S1000；	
N40	G00　X200　Z50；	
N50	Z-155；	
N60	X87.5 M08；	
N70	G01　Z-220　F0.2；	
N80	G00　X200　M09；	
N90	Z200；	
N100	M05；	
N110	M00；	**技能大师经验谈：** 　程序无条件停止。此处测量刚加工的尺寸，按 ϕ87.5mm 来调整
N120	T0202；	精车定位面
N130	M03　S1400；	
N140	G00　X200　Z50；	
N150	Z-155；	
N160	X87　M08；	
N170	G01　Z-220　F0.15；	
N180	G00　X125；	
N190	Z-745；	**技能大师经验谈：** 　加工该台阶的作用主要是为后工步精车外圆时具有一个基准面而提前给液压中心架加工一个辅助支承面
N200	X72；	
N210	G01　X67　Z-750　F0.15；	
N220	Z-810；	
N230	G00　X200　M09；	
N240	Z200；	
N250	M05；	
N260	M00；	**技能大师经验谈：** 　程序无条件停止。此处测量第一个台阶尺寸，按 ϕ87mm 来调整，调整完尺寸后需清理中心架滚轮的碎铁屑

（续）

程　序	注　释
O0001；	
N270　T0101；	关闭中心架，移动尾座
N280　G00　X200；	
N290　Z100；	该轴向位置为刀塔与尾座插销对齐的位置
N300　M60；	中心架解锁
N310　M64；	中心架支承爪关闭
N320　G04　X5；	**技能大师经验谈：** 　　为了防止中心架支承爪还未完全关闭就执行下一个动作，此处最好让机床暂停 5s
N330　M61；	中心架锁紧
N340　M80；	尾座解锁
N350　M84；	尾座顶尖退回
N360　G04　X5；	**技能大师经验谈：** 　　为了防止尾座顶尖还未完全退回就执行下一个动作，此处最好让机床暂停 5s
N370　M82；	尾座插销伸出
N380　G98；	主轴每分钟进给
N390　G01　Z1000　F100；	**技能大师经验谈：** 　　在加工端面的过程中，为了防止尾座与刀塔发生干涉，须将尾座退至一个安全位置
N400　M83；	尾座插销退回
N410　M81；	尾座锁紧
N420　M00；	程序无条件停止
N430　T0101；	半精车端面
N440　M03　S1000；	
N450　G99；	
N460　G00　X200　Z50；	
N470　Z0.2；	
N480　X60 M08；	
N490　G01　X0　F0.2；	
N500　Z0.5；	
N510　G00　X200　M09；	
N520　Z200；	
N530　M05；	
N540　M00；	
N550　T0202；	精车端面

（续）

程　序		注　释
	O0001；	
N560	M03　S1500；	
N570	G00　X200　Z50；	
N580	Z0；	
N590	X60 M08；	
N600	G01　X0　F0.2；	
N610	Z0.5；	
N620	G00　X200　M09；	
N630	Z200；	
N640	M05；	
N650	M00；	
N660	T0808；	精修中心孔
N670	M04　S600；	
N680	G00　X200　Z200；	
N690	Z5；	
N700	X0　M08；	
N710	G01　Z-15　F0.12；	
N720	Z-14.8；	
N730	S50；	
N740	Z-15.2　F0.04；	
N750	G04　X2；	**技能大师经验谈：** 　　为了保证中心孔表面粗糙度，此处需暂停2s
N760	G00　Z5；	
N770	X200　M09；	
N780	Z200；	
N790	M05；	
N800	M00；	
N810	T0101；	移动尾座，移动并关闭中心架
N820	G00　X200；	
N830	Z1000；	
N840	M80；	尾座解锁
N850	M82；	尾座插销伸出
N860	G98；	主轴每分钟进给
N870	G01　Z100　F100；	刀塔通过尾座插销带动尾座到Z轴100mm的位置
N880	M83；	尾座插销退回
N890	M81；	尾座锁紧

（续）

程　序		注　释
	O0001；	
N900	M00；	**技能大师经验谈：** 程序无条件停止。此时为了防止中心孔内与顶尖上黏附碎小切屑，需对这两处位置进行清理
N910	M85；	尾座顶尖伸出
N920	G04　X5；	**技能大师经验谈：** 为了避免顶尖还没有顶到位就执行下一个动作，此时需暂停 5s 时间
N930	M65；	中心架支承爪打开
N940	G00　Z-160；	该轴向位置为刀塔与中心架插销对齐的位置
N950	M60；	中心架解锁
N960	M62；	中心架插销伸出
N970	G01　Z-810　F100；	**技能大师经验谈：** 刀塔通过中心架插销带动中心架到 Z 轴-810mm 的位置。该位置的直径方向已在工步 3 中以中心孔为定位基准加工了一刀
N980	M63；	中心架插销退回
N990	M61；	中心架锁紧
N1000	M64；	中心架支承爪关闭
N1010	M00；	
N1020	T0101；	半精车外圆
N1030	M03　S1000；	
N1040	G99；	
N1050	G00　X200　Z50；	
N1060	Z-663.6；	
N1070	X122；	
N1080	G01　X92　F0.2；	
N1090	G00　X100　Z-160.1；	
N1100	X92；	
N1110	G01　X72；	
N1120	G00　X80　Z-100.6；	
N1130	X72；	
N1140	G01　X60；	
N1150	G00　X65　Z0.2；	
N1160	G01　X52.5　F0.5；	
N1170	G03　X54.5　Z-0.8　R1　F0.2；	

（续）

程　序		注　释
	O0001；	
N1180	G01　Z-100.8；	
N1190	X64.5；	
N1200	X66.5　W-1；	
N1210	Z-160.3；	
N1220	X81.3；	
N1230	X86.3　W-2.5；	
N1240	Z-178.8；	
N1250	X86.5；	
N1260	Z-663.8；	
N1270	X110.5；	
N1280	G03　X115.5　W-2.5　R2.5；	
N1290	G01　Z-732；	
N1300	G00　Z-818；	**技能大师经验谈：** 　　此处需格外注意刀具是否会与中心架滚轮的外罩发生干涉，如果有干涉，需酌情处理，如将中心架换个位置来夹持
N1310	G01　Z-850；	
N1320	G00　X200　M09；	
N1330	Z200；	
N1340	M05；	
N1350	M00；	
N1360	N5　T0606；	切外圆槽
N1370	M03　S800；	
N1380	G00　X200　Z0；	
N1390	Z-179；	
N1400	X88；	
N1410	G01　X78　F0.06；	
N1420	X88　F0.3；	
N1430	G00　X200　M09；	
N1440	Z200；	
N1450	M05；	
N1460	M00；	
N1470	T0202；	精车外圆
N1480	M03　S1500；	
N1490	G00　G42　X200　Z2；	

（续）

程　序	注　释
O0001；	
N1500　X52；	
N1510　G01　Z0　F0.1；	
N1520　G03　X54　Z-1　R1；	
N1530　G01　Z-101；	
N1540　X64；	
N1550　X66　W-1；	
N1560　W-58.5；	
N1570　X80.8；	
N1580　X85.8　W-2.5；	
N1590　Z-179；	
N1600　X86　W-0.1；	
N1610　Z-664；	
N1620　X110；	
N1630　G03　X115　W-2.5　R2.5；	
N1640　G01　Z-735；	
N1650　G00　Z-815；	**技能大师经验谈：** 　　为了防止发生事故，此处的轴向最好预留安全距离，本程序中此处预留了3mm的安全距离
N1660　X107；	
N1670　G01　Z-818；	
N1680　X115　W-4；	
N1690　Z-850；	
N1700　G00　X200　M09；	
N1710　G00　G40　Z200；	
N1720　M05；	
N1730　M00；	
N1740　T0707；	车 M86×2 外螺纹
N1750　M03　S400；	
N1760　G00　X200；	
N1770　Z-175；	
N1780　X90；	
N1790　G92　X85.8　Z-177　F2；	
N1800　X85；	
N1810　X84.4；	
N1820　X84；	

（续）

程　　序	注　　释
O0001；	
N1830	X83.7；	
N1840	X83.5；	
N1850	X83.4；	
N1860	G00　X200；	刀具快速移动到 Z 轴安全位置
N1870	Z200；	刀具快速移动到 X 轴安全位置
N1880	M05；	主轴停止
N1890	M30；	程序结束

② 加工短端的程序见表2-29。（以 FANUC 0i Mate TC 系统编程为例，编程原点为工件右端面圆心位置）

表2-29　加工短端的程序

程　　序	注　　释
O0002；	
N10	T0101；	半精车定位面
N20	G99；	
N30	M03　S1000；	
N40	G00　X200　Z50；	
N50	Z-65；	
N60	X45　M08；	
N70	G01　X41.5　F0.5；	
N80	G01　Z-75　F0.2；	
N90	G00　X118；	
N100	Z-374.3；	
N110	G01　X85；	
N120	W1；	
N130	G00　X200　M09；	
N140	Z200；	
N150	M05；	
N160	M00；	**技能大师经验谈：** 　程序无条件停止。此处测量刚加工的尺寸，按 ϕ41.5mm、67.7mm 来调整
N170	T0202；	精车定位面
N180	M03　S1400；	
N190	G00　X200　Z50；	
N200	Z-65；	

（续）

程　　序		注　　释
	O0002；	
N210	X45　M08；	
N220	G01　X41　F0.5；	
N230	G01　Z−75　F0.1；	
N240	G00　X118；	
N250	Z−374.5；	
N260	G01　X85；	
N270	W1；	
N280	G00　X200　M09；	
N290	Z200；	
N300	M05；	
N310	M00；	**技能大师经验谈：** 　　程序无条件停止。此处测量刚加工的尺寸，按 ϕ41mm、67.5mm 来调整，调整完尺寸后需清理中心 架滚轮的碎切屑
N320	T0101；	关闭中心架，移动尾座
N330	G00　X200；	
N340	Z100；	该轴向位置为刀塔与尾座插销对齐的位置
N350	M60；	中心架解锁
N360	M64；	中心架支承爪关闭
N370	G04　X5；	**技能大师经验谈：** 　　为了防止中心架支承爪还未完全关闭就执行下一 个动作，此处最好让机床暂停 5s
N380	M61；	中心架锁紧
N390	M80；	尾座解锁
N400	M84；	尾座顶尖退回
N410	G04　X5；	**技能大师经验谈：** 　　为了防止尾座顶尖还未完全退回就执行下一个动 作，此处最好让机床暂停 5s
N420	M82；	尾座插销伸出
N430	G98；	主轴每分钟进给
N440	G01　Z1000　F100；	**技能大师经验谈：** 　　在加工端面的过程中，为了防止尾座与刀塔发生 干涉，需将尾座退至一个决定安全的位置
N450	M83；	尾座插销退回
N460	M81；	尾座锁紧

（续）

程　　序		注　　释
O0002；		
N470	M00；	
N480	T0101；	半精车端面
N490	M03　S1000；	
N500	G99；	
N510	G00　X200　Z50；	
N520	Z0.2；	
N530	X60 M08；	
N540	G01　X0　F0.2；	
N550	Z0.5；	
N560	G00　X200　M09；	
N570	Z200；	
N580	M05；	
N590	M00；	
N600	T0202；	精车端面
N610	M03　S1500；	
N620	G00　X200　Z50；	
N630	Z0；	
N640	X60 M08；	
N650	G01　X0　F0.2；	
N660	Z0.5；	
N670	G00　X200　M09；	
N680	Z200；	
N690	M05；	
N700	M00；	
N710	T0303；	钻 ϕ17.5mm 中心螺纹底孔
N720	M04　S800；	
N730	G00　X200　Z200；	
N740	Z5；	
N750	X0　M08；	
N760	G98　G83　Z−50　R5　Q5　F120；	
N770	G00　Z5；	
N780	X200　M09；	
N790	Z200；	
N800	M05；	
N810	M00；	

（续）

程　序		注　释
	O0002；	
N820	T0404；	半精车中心孔
N830	M03　S600；	
N840	G99；	
N850	G00　X200　Z5；	
N860	G00　G41　X17；	
N870	G71　U0.5　R0.2；	
N880	G71　P890　Q960　U-0.3　W0.1　F0.1；	
N890	G00　X33；	
N900	G01　Z0　F0.06；	
N910	X29　Z-2.31；	
N920	X21　Z-10.3；	
N930	Z-12；	
N940	X17.5　W-1.75；	
N950	Z-43；	
N960	U-0.2；	**技能大师经验谈：** 　　在此让刀具沿 X 轴负向退 0.2mm，可有效地避免因切屑缠绕在刀头位置而刮伤已加工表面
N970	G00　Z50；	
N980	G00　G40　X200；	
N990	Z200　M09；	
N1000	M05；	
N1010	M00；	**技能大师经验谈：** 　　程序无条件停止。此时，为了防止刀片磨损，需对刀片进行检查，如有损耗，需及时更换
N1020	T0404；	精车中心孔
N1030	M03　S900；	
N1040	G00　X200　Z5；	
N1050	G00　G41　X17；	
N1060	G70　P10　Q20；	
N1070	G00　Z50；	
N1080	G00　G40　X200；	
N1090	Z200　M09；	
N1100	M05；	
N1110	M00；	
N1120	T0505；	M20 中心螺纹孔攻螺纹

（续）

程　序	注　释
O0002；	
N1130　M04　S300；	
N1140　G00　X200　Z5；	
N1150　X0；	
N1160　G84　Z-47.5　R2　F2.5；	
N1170　G00　Z5；	
N1180　X200　M09；	
N1190　Z200；	
N1200　M05；	
N1210　M00；	
N1220　T0101；	
N1230　G00　X200；	
N1240　Z1000；	
N1250　M80；	尾座解锁
N1260　M82；	尾座插销伸出
N1270　G98；	主轴每分钟进给
N1280　G01　Z100　F100；	刀塔通过尾座插销带动尾座到Z轴100mm的位置
N1290　M83；	尾座插销退回
N1300　M81；	尾座锁紧
N1310　M00；	程序无条件停止。此时，为了防止中心孔内与顶尖上黏附碎小切屑，需对这两处位置进行清理
N1320　M85；	尾座顶尖伸出
N1330　G04　X5；	
N1340　M65；	中心架支承爪打开
N1350　G00　Z-160；	该轴向位置为刀塔与中心架插销对齐的位置
N1360　M60；	中心架解锁
N1370　M62；	中心架插销伸出
N1380　G01　Z-510　F100；	**技能大师经验谈：**　刀塔通过中心架插销带动中心架到Z轴-510的位置。该位置的直径方向已在上一个工序中以中心孔为基准完成了加工
N1390　M63；	中心架插销退回
N1400　M61；	中心架锁紧
N1410　M64；	中心架支承爪关闭
N1420　M00；	
N1430　T0101；	半精车外圆

（续）

程　序		注　释
	O0002；	
N1440	M03　S1000；	
N1450	G99；	
N1460	G00　X200　Z50；	
N1470	Z−260.6；	
N1480	X118；	
N1490	G01　X70　F0.2；	
N1500	G00　Z−213.6；	
N1510	X58；	
N1520	G01　X46；	
N1530	G00　X100　Z2；	
N1540	X45；	
N1550	G01　X31.3；	
N1560	Z0.2；	
N1570	G01　X36.3　Z−2.3　F0.2；	
N1580	Z−68.8；	
N1590	X37.5；	
N1600	X38.5　W−0.5；	
N1610	Z−116.8；	
N1620	X39.5；	
N1630	X40.5　W−0.5；	
N1640	Z−213.8；	
N1650	X51.5；	
N1660	X52.5　W−0.5；	
N1670	Z−239.8；	
N1680	X65.5　Z−260.8；	
N1690	X110.5；	
N1700	C03　X115.5　W−2.5　R2.5；	
N1710	G00　U5；	
N1720	Z−375.8；	
N1730	G01　X70；	此时须注意刀具的后刀面是否会与工件发生干涉
N1740	W2；	**技能大师经验谈：** 　　此时刀具往轴向退2mm，主要是担心此时有切屑缠绕在刀尖位置，以免下一程序段刀具快速往径向提刀时，切屑刮伤已加工端面并导致刀尖蹦刃现象发生
N1750	G00　X111.5；	

（续）

程 序		注 释
	O0002；	
N1760	G01　W−2；	
N1770	U6　W−3；	
N1780	G00　X200　M09；	
N1790	Z200；	
N1800	M05；	
N1810	M00；	
N1820	T0606；	切外圆槽
N1830	M03　S800；	
N1840	G00　X200　Z100；	
N1850	Z−69；	
N1860	X40；	
N1870	G01　X30.2　F0.06；	
N1880	X40　F0.3；	
N1890	W1；	
N1900	X30　F0.06；	
N1910	W−1；	
N1920	G00　X120；	
N1930	Z−289.2；	**技能大师经验谈：** 　　此时一定要将3mm刀宽留出来，否则将发生过切
N1940	G01　X65.4　F0.06；	
N1950	X71　F0.3；	
N1960	G72　W2.8　R0.2；	
N1970	G72　P1980　Q1990　U0.4　F0.06；	
N1980	N30　G00　Z−375；	
N1990	G01　X65.4；	
N2000	G00　X200；	
N2010	G04　X5；	**技能大师经验谈：** 　　此时刀具暂停5s，主要是担心此时有切屑缠绕在刀尖位置，如有，需及时清理
N2020	Z−378；	
N2030	X118；	
N2040	G01　X115　F0.06；	
N2050	X111　Z−376；	
N2060	X64.98；	

（续）

程　　序	注　　释
O0002；	
N2070	Z-289；	
N2080	X111；	
N2090	X116　W2.5；	
N2100	G00　X200　M09；	
N2110	Z200；	
N2120	M05；	
N2130	M00；	
N2140	T0202；	精车外圆
N2150	M03　S1500；	
N2160	G00　G42　X200　Z2；	
N2170	X30.8；	
N2180	G01　Z0　F0.1；	
N2190	X35.8　Z-2.5；	
N2200	Z-69；	
N2210	X37.4；	
N2220	X38　W-0.3；	
N2230	Z-117；	
N2240	X39.4；	
N2250	X40　W-0.3；	
N2260	Z-214；	
N2270	X51.4；	
N2280	X52　W-0.3；	
N2290	Z-240；	
N2300	X65　Z-261；	
N2310	X110；	
N2320	G03　X115　W-2.5　R2.5；	
N2330	G01　U2；	
N2340	G00　X200　M09；	
N2350	G00　G40　Z200；	
N2360	M05；	
N2370	M00；	
N2380	T0707；	车 M36×2 外螺纹
N2490	M03　S400；	
N2500	G00　X200；	
N2510	Z4；	

（续）

程　序		注　释
	O0002；	
N2520	X40；	
N2530	G92　X35.8　Z-67　F2；	
N2540	X35；	
N2550	X34.4；	
N2570	X34；	
N2580	X33.7；	
N2590	X33.5；	
N2600	X33.4；	
N2610	G00　X200 Z200；	刀具快速移动到 X、Z 轴安全位置
N2620	M05；	主轴停止
N2630	M30；	程序结束

6. 实例小结

本节介绍了细长轴在数控车床上的加工过程，主要加工要素有：外圆直台阶、外锥、外圆槽、外螺纹、钻中心孔及螺纹底孔、内孔直台阶、内孔锥度以及内螺纹。通过此工件的实际加工，让初学者能较为快速地理解此类产品的加工特性，了解可编程式三爪自定心液压中心架与尾座在加工此类产品中的重要性，对于操作者加工此类产品具有较强的借鉴性。

2.4.3　薄壁类零件的技术特点和加工难点

1. 薄壁类零件的技术特点

典型薄壁回转体工件的生产大多采取"车削"方式。在自定心卡盘夹紧力的作用下，由于工件的内孔与外圆直径相差较小，造成刚性较差，同时由于该类零件材料的去除率高，造成产品很容易发生弹性变形，特别是在距离卡爪 60° 的位置变形量最大，常见为向外凸起的现象。因此，即使加工完成后在机床上测量的孔为正圆形，但是一旦松开卡爪，由于没有了外部的夹紧力，零件的弹性变形将使内孔产生变形，导致产生圆度误差。

2. 薄壁类零件的加工难点分析

薄壁类零件加工后产生变形的因素有很多，综合分析，最主要有以下几种：

1）装夹变形。因工件壁薄，在径向夹紧力的作用下非常容易产生"装夹变形"，从而影响工件的尺寸精度和形状精度。当采用自定心卡盘夹持工件加工内孔时，在径向夹紧力的作用下，工件会略微变成三角形，虽然内孔完成加工后得到的是一个圆柱孔，但当松开卡爪，取下工件后，由于没有了外部夹紧力，产品弹性变形得以恢复，外圆恢复成圆柱形，而内孔则变成弧形三角形。

2）受热变形。因工件壁厚较薄，在加工过程中产生的切削热会引起工件热变形，致使工件的尺寸精度难于控制。特别是对于线膨胀系数较大的金属薄壁类零件，如果在一次安装中连续完成半精车和精车，由加工中产生的切削热必然会引起工件的热变形，会对其尺寸精度产生极大影响，有时甚至会使工件卡死在夹具上。

3）振动变形。在切削抗力（特别是径向切削抗力）的作用下，容易产生振动，从而影响工件已加工面的尺寸精度、形状、位置精度和表面粗糙度。

技能大师经验谈：

　　加工薄壁类零件，如果不对原材料进行任何工艺分析与处理而直接加工，很难保证产品不变形，主要是因为原材料的内应力分布不均匀，在加工完之后，残留在工件里的内应力释放后导致工件产生变形，所以此类产品一定要分为粗、精加工。粗加工后，最好预留1.5~2mm 的加工余量，然后进行热处理正火或退火以消除内应力，然后再半精加工，留0.5mm 的精加工余量，待工件完全冷却后，最后进行精加工。同时，需要根据零件的精度要求，采取不同的工艺措施及手段，如在编制数控程序时，要考虑合理地安排走刀路线、优化切削参数以及稳妥的装夹方式等。

2.4.4　薄壁套的加工实例

1. 技术特点分析

1）薄壁类零件的装夹方法　薄壁类零件在加工过程中，如果采用普通的自定心卡盘直接装夹的方式，会因为不同的操作者在装夹产品时，施加给产品的力度不同，将产生不可控制的变形，从而无法保证稳定的加工精度。故薄壁套类零件的装夹，一般应增大工件的支承面和装夹面积，或增加夹持点使之受力均匀，必要时可通过增设辅助支承，以增强工件的刚性。具体措施为：

① 采用工艺凸台装夹　针对较短的工件，在条件允许的前提下，工艺编排时可考虑在坯料上预留一定的夹持长度，当工件完成所有的加工要素后直接切断。这样不但可预防工件产生太大变形，并且还保证了端面及内孔与外圆之间的位置精度。但采用此方法有一定的局限性，而且会造成原材料的浪费。

② 采用专用软爪或开缝套筒　使用专用软爪或开缝套筒装夹薄壁类零件，可以根据工件的具体情况，将专用软爪或开缝套筒的内径尺寸修成与工件装夹位置接近的尺寸，以提高装夹接触面积，同时，在装夹时还需控制好夹紧力，使来自径向的夹紧力均匀分布在薄壁类零件表面上，可有效地减少因工件刚性不佳而引起的装夹变形。

③ 采用轴向夹紧方法和夹具　在车削薄壁类工件时，尽量不使用"径向夹紧"，而应该优先选用"轴向夹紧"的方式。在轴向夹紧时，由于夹紧力沿工件的轴向分布，工件靠轴向夹紧套（螺纹套）的端面实现轴向夹紧。采用此装夹方式的优点为工件的轴向刚度大，不易产生夹紧变形；同时，还可通过增加辅助支撑或工艺加强筋，以提升工件的整体刚性，使夹紧力分散在工件上，抑制零件的加工变形，加工完毕后，再去掉辅助装夹装置即可。另外，对于薄壁零件，增加工艺筋条，以加强刚性，也是工艺设计常用的手段之一。

技能大师经验谈：

加工高精度薄壁类零件，需要选用合适的防变形的装夹方法，以避免由于装夹变形产生的尺寸精度和位置精度以及表面粗糙度得不到有效控制。

粗加工时，由于加工余量较大，为了防止工件受到切削力的影响而产生松动，此时的夹紧力可略微加大；精加工时，由于加工余量已不多，此时的夹紧力可略微偏小，以避免因夹持力大造成的装夹变形，同时还可以消除粗车后因应力释放产生的变形。

当完成内孔加工后，在加工外圆前，可先在内孔中加装模胎（橡胶模胎或硬模胎），或采用石蜡、低熔点合金填充法等工艺方法，加强支撑，进而达到减小变形、提高精度的目的。

2）切削力的要点分析　薄壁类工件在切削过程中，由于受到切削力的影响，产品很容易产生变形，从而导致出现椭圆或中间小，两头大的"腰鼓形"现象。另外，此类工件由于加工时散热性差，极易产生热变形，从而影响零件的加工质量。为了尽可能减小因切削力与切削热给工件造成的变形，在加工薄壁类零件时应充分考虑"降低切削力"，一般背吃刀量和进给量取较小值，切削速度取较大值；同时，需浇注充分的切削液，以尽可能降低切削热的产生。

技能大师经验谈：

在车削薄壁类工件时，由于切削抗力会直接作用在工件刚性最差的部位上，因此极易引起切削振动和工件的弯曲变形，造成加工精度和工件表面质量得不到稳定保证。为了避免该现象的产生，还应充分考虑工件所受到的切削力和切削热的影响，如合理地选用刀具的几何参数，保证刀柄的刚度，刀片的修光刃不宜过长（一般取0.2~0.3mm），刃口要锐利，同时要考虑加工时产生的切削热对工件产生的热变形，所以要充分浇注切削液，以降低切削温度，减少工件热变形。

3）加工刀具的选择　加工薄壁类工件，对于刀具的选择，要求刃口一定要锋利，一般可采用较大的前角与主偏角，但是不能太大，否则会因刀头体积的减小而引起刀杆强度和刚度下降，散热性能变差，最终影响加工精度。刀具角度的取值与工件的结构、产品材质以及刀具自身的材料有关。一般选择刀具的合理参数要注意以下几点：

① 需考虑工件的材质情况　要根据工件材质的实际情况选择合理的刀具几何参数，主要考虑工件材质的化学成分、热处理与调质状态、力学性能（包括硬度、抗拉强度、伸长率、冲击韧度、导热系数等），还有毛坯加工余量，工件的形状、结构、尺寸、精度和表面质量要求等。

② 需考虑刀具结构和刀片的材料　加工薄壁类工件，要根据工件的材质来合理地选择刀具的几何参数，不但要考虑刀具材料自身的化学成分与力学性能（如硬度、抗冲击性、热硬性等），还要考虑刀具的结构形式是整体式、焊接式还是机夹式等。

③ 需要考虑各个几何参数之间的联系　对于加工过程中所用到的刀具，由于其切削刃的形状、刀面和角度之间是相互联系的，因此应先综合考虑它们之间的作用与影响，然后再分别确定其合理数值。例如，选择前角 γ_o 时，至少要考虑卷屑槽型、有无倒棱及刃倾角 λ_s 的正负大小等，联系这些情况，优选合理的前角值，不要割裂它们之间的内在联系，孤立地选择某一参数。

④ 需要考虑具体的加工条件　选择合理的刀具几何参数，也要考虑加工条件，如设备、工装夹具的情况，工艺系统的稳定性以及电动机功率的大小，切削用量的设置和切削液的性能等因素。

技能大师经验谈：

加工内孔时，对于刀具的安装，刀柄的伸出长度须尽可能得短，伸出 3~5mm 为宜，以增加车刀刀柄的刚性，减小切削过程中的振动；同时，须严格控制刀具中心高与工件圆心与机床轴心线的平齐。另外，在粗加工时，通常着重考虑加工效率，精加工时，主要考虑保证加工精度和已加工表面质量的要求；对于自动生产线上用到的刀具，主要考虑刀具工作中的稳定性；当机床刚性和电动机功率不足时，刀具应力求锋利（如采取增大前角和主偏角，减小刀尖圆弧半径等），以减小切削力和振动。

2. 工艺分析

（1）分析零件图　图 2-50 所示为某产品毛坯图，图 2-51 所示为该产品零件图，其毛坯为铸铝件，材料为 ZL101，请按图完成加工。

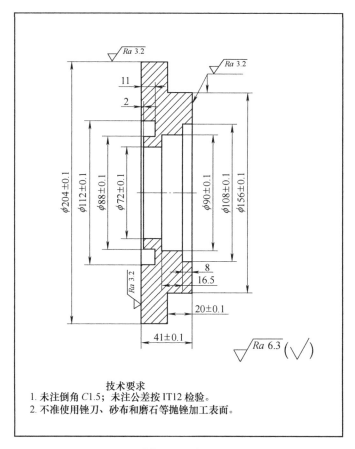

图 2-50　毛坯

如图 2-51 所示，该工件属于局部薄壁盘类零件。其中 φ78mm 内孔与 φ82mm 外圆局部仅 2mm 厚，且工件还有内孔圆弧槽及端面和径向沟槽，导致工件的整体刚性变差。如果采用传统的自定心卡盘方式装夹，一旦夹持力控制得不好，所产生的径向夹持力会使工件产生

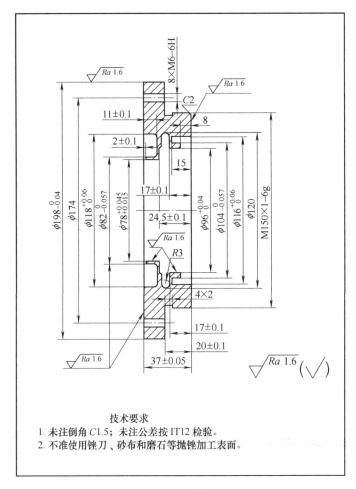

图 2-51 零件图

不可控制的装夹变形；而当松开卡爪，卸下工件时，径向夹持力被释放后，工件自然产生的回弹会使已加工尺寸发生很大变化。

材料分析：鉴于 ZL101 材料具有良好的铸造工艺性，且耐蚀性能好，应用范围广，故该产品选择了该类材料。而由于铝合金较钢材的热膨胀系数大得多（铝为 23.2×10^{-6}/K，钢为 13.0×10^{-6}/K），受工件本身材料的特殊性，在无恒温条件下加工铸铝件，产品极易受热胀冷缩的影响造成尺寸产生较大热变形。而 $\phi198^{+0.026}_{-0.020}$mm 传动端端盖轴承室上，如果该尺寸达不到图样设计要求，则可能造成工件在装配过程中拉伤工件外圆表面，进而导致传动端轴承室漏油。因此稳定保证 $\phi198$mm 外圆的几何公差和加工精度就显得极其重要。

（2）分析加工难点

从图 2-51 所示不难看出，该工件对表面粗糙度的要求很高，最低要求为 $Ra1.6\mu m$，同时对加工精度的要求也非常高，特别是 $\phi78^{+0.045}_{+0.015}$mm 内孔的公差仅为 0.03mm，因此要稳定地保证该类局部薄壁类零件的加工精度和表面粗糙度的难度非常大。

（3）分析加工方案

1）确定装夹方案　以 $\phi150$mm 外圆台阶的端面作为轴向定位基准，靠平自定心液压卡盘卡爪端面并夹持产品该外圆位置，卡盘压力为 8kgf/cm² （1kgf/cm²≈0.098MPa）。

2）总体工序安排　加工路线为：先将总长加工至 37.1mm（总长留 0.1mm 待精车小端时加工），然后分别将 φ118mm、φ82mm、φ78mm 等径向尺寸加工至图样要求；精车小端时，采用 15mm 长的台阶软爪夹 φ198mm 外圆并靠平软爪端面，卡盘的压力还是8kgf/cm²，对于加工路线，同样也先将总长加工至图样要求后，再分别加工各直径方向与长度尺寸至图样要求。在进行精车外圆工序时，采用轴向夹紧的安装方法，最后加工 φ198 $_{-0.04}^{0}$ mm 外圆。

技能大师经验谈：

按照通常的加工方法，一般为了避免断续车削，都会将"钻孔攻螺纹"工序安排在"精车外圆"工序之后进行，但在"钻孔攻螺纹"工序进行时，由于钻孔时产生的切削力较大，由此导致产品的内应力再次失衡，并且还会增大切削热，造成产品产生变形；而采取此加工方案则可在"精车大端"与"精车小端"工序时，有效地消除变形量。

由于软爪的材质为 45 钢，而产品的材料比软爪软很多，因此如果采用软爪直接夹持工件外圆，不但容易造成产品出现装夹变形，同时也会在工件被夹持的外圆位置留下三个夹痕印，而如果采用轴向夹紧，则可以有效地避免该问题的产生。

3）工序设计　① 精车大端加工，见表 2-30。

表 2-30　精车大端的加工工步及所用刀具

工步	工步名称	刀具	量具	说明
1	产品装夹			
2	精车端面	35°外圆机夹车刀	25～50mm 外径千分尺	将图样上 L37mm 总长加工至 L37.1mm
3	精车内孔	80°内孔机夹车刀	50～100mm 内径量表	将 φ78mm 内孔加工至尺寸
4	精车端面槽	4mm 机夹端面切槽刀	150mm 游标深度卡尺 150mm 数显游标卡尺	将端面槽加工至尺寸
5	卸料			

技能大师经验谈：

在测量 φ82 $_{-0.057}^{0}$ mm 尺寸时，由于此处的加工精度仅为 0.057mm，并且壁厚也仅为2mm，因此优先采用数显游标卡尺，同时在测量过程中手法一定要轻，以避免因测量手法过重而给产品造成变形。

② 精车小端加工，见表 2-31。

表 2-31　精车小端的加工工步及所用刀具

工步	工步名称	刀具	量具	说明
1	产品装夹			
2	精车端面、外圆	35°机夹外圆车刀	25～50mm 外径千分尺	将图样上所有轴向与径向加工至尺寸
3	精车外螺纹	机夹螺纹车刀	M150×1-6g 环规	将 M150×1-6g 外螺纹加工至尺寸

（续）

工步	工步名称	刀具	量具	说明
4	精车内孔	80°机夹内孔车刀	50~100mm 内径量表	将 φ78mm 内孔加工至尺寸
5	精车端面槽	机夹端面切槽刀（4mm）	150mm 游标深度卡尺 150mm 数显游标卡尺	将端面槽加工至尺寸
6	精车内孔圆弧槽	焊接内孔圆弧槽刀（R3mm）	专用样板	将内孔圆弧槽加工至尺寸
7	卸料	—	—	—

技能大师经验谈：

在此工序的加工过程中，采用 35°车刀来加工端面与外圆尺寸，主要优点为：

① 加工抗力小。

② 这把刀直接将外螺纹退刀槽加工出来，由此可少安装外圆切槽刀，节约一个刀位。

在工步 3 中就将 M150×1-6g 外螺纹加工出来，其主要原因是加工螺纹时产生的切削抗力最大，如果先加工其他要素，最后加工螺纹，可能会因为此时工件的刚性变得最差而产生振纹。

3. 选择刀具

1）精车大端刀具的选择依据见表 2-32。

表 2-32 精车大端刀具的选择

刀具号	刀具（刀片）型号	牌号/材料	加工内容
T0101	刀杆：35°机夹左偏刀	SVHBL 2525M16	精车端面
	刀片：VCGT 160404-AS IC20	硬质合金	
T0202	刀杆：80°机夹内孔左偏刀	A50U-DCLN 16	精车内孔
	刀片：CCGT 160404-AS IC20	硬质合金	
T0303	刀杆：4mm 机夹切槽刀	LF123H25-2525BM	精车端面槽
	刀片：N123H2-0400-0004-TF	硬质合金	

2）精车小端刀具的选择依据见表 2-33。

表 2-33 精车小端刀具的选择

刀具号	刀具（刀片）型号	牌号/材料	加工内容
T0101	刀杆：35°机夹左偏刀	SVHBL 2525M16	精车端面
	刀片：VCGT 160404-AS IC20	硬质合金	
T0202	刀杆：80°机夹内孔左偏刀	A50U-DCLNL 16	精车内孔
	刀片：CCGT 160404-AS IC20	硬质合金	
T0303	刀杆：4mm 机夹切槽刀	LF123H25-2525BM	精车端面槽 φ114mm 尺寸
	刀片：N123H2-0400-0004-TF	硬质合金	
T03006	刀杆：4mm 机夹切槽刀	LF123H25-2525BM	精车端面槽 φ104mm 尺寸
	刀片：N123H2-0400-0004-TF	硬质合金	

（续）

刀具号	刀具（刀片）型号	牌号/材料	加工内容
T0404	焊接刀杆	45 锻钢	精车内孔圆弧槽
	刀片材料：高速钢	W6Mo5Cr4V2	
T0505	刀杆：机夹外螺纹车刀		M150×1-6g 外螺纹
	刀片：NTS-EL-16 1.00 ISO	硬质合金	

4. 确定切削用量

1）精车大端的切削参数见表 2-34。

表 2-34 精车大端刀具的选择

刀具（刀片）型号	转速/(r/min)	背吃刀量/mm	进给量/(mm/r)
T0101	1000	0.25	0.12
T0202	1200	0.25	0.1
T0303	1000	0.25	0.06

2）精车小端的切削参数见表 2-35。

表 2-35 精车小端刀具的选择

刀具（刀片）型号	转速/(r/min)	背吃刀量/mm	进给量/(mm/r)
T0101	1000	0.25	0.12
T0202	1200	0.25	0.1
T0303	1000	0.25	0.06
T0306	1000	0.25	0.06
T0404	800	0.25	0.08
T0505	600	0.6/0.4/0.2/0.1	1

5. 程序清单与注释

1）精车大端的加工程序（以 FANUC 0i Mate TC 系统编程为例，编程原点为工件右端面圆心位置），见表 2-36。

表 2-36 精车大端的加工程序

程 序		注 释
O0001；		程序名
N10	T0101；	精车端面
N20	G99；	
N30	M03 S1000；	
N40	G00 X400 Z50；	
N50	Z-1.3；	
N60	X200 M08；	
N70	G01 X197.4 Z0 F0.12；	

（续）

程　序	注　释
O0001；	程序名
N80　X115；	
N90　G00　X400　M09；	
N100　Z200　M05；	
N110　M00；	**技能大师经验谈：** 　　为了避免后面工序"精车外圆"时不方便对ϕ198mm尺寸倒角，可在此工序中先行加工
N120　T0202；	精车内孔
N130　M03　S1200；	
N140　G00　X400　Z50；	
N150　X75　Z5　M08；	
N160　Z-2；	
N170　G01　X85　F0.1；	
N180　W0.2；	
N190　G00　X79.03；	
N200　G01　X78.03　Z-2.3；	
N210　Z-15；	
N220　G00　U-2；	
N230　Z50；	
N240　X400　M09；	
N250　Z200　M05；	
N260　M00；	
N270　T0303；	精车端面槽
N280　M03　S1000；	
N290　G00　X400　Z50；	
N300　Z0.5；	
N310　X119.63　M08；	
N320　G01　X118.03　Z-0.3　F0.06；	
N330　Z-8；	
N340　G03　X112.03　Z-11　R3；	
N350　G00　Z20；	
N360　G04　X5；	**技能大师经验谈：** 　　此处将刀具轴向退出20mm，并暂停5s，主要是为了避免此处有少量切屑缠绕刀尖的现象，以便利用切削液将切屑冲离刀尖区域，如果切屑没有被冲离开，操作者可按机床操作面板上的"程序单段"按钮后进行人工清理

（续）

程　　序		注　　释
O0001；		程序名
N370	G00　X88.4；	**技能大师经验谈：** 　　由于此处只用了一个刀具补偿号，在实际加工过程中却用到了两个刀尖，因此在编制数控加工程序时，需要将刀具宽度算进来，以免加工出来的直径尺寸与图样相差一个刀宽
N380	Z-1.5；	
N390	G01　X90.03　Z-2.3；	
N400	Z-8.02；	
N410	G02　X96.03　Z-11.02　R3；	
N420	G01　X111；	
N430	X112.03　Z-11；	**技能大师经验谈：** 　　（1）在 ϕ112.03mm 位置接刀，主要是此处比 ϕ88.03mm 位置刚性好些 　　（2）为了避免接刀位置产生台阶而存在应力集中的现象，此处编了一个轴向 0.02mm，径向 1mm 的小锥度
N440	G00　Z50；	
N450	X400　M09；	
N460	Z200　M05；	
N470	M30；	

　　2）精车小端的加工程序（以 FANUC 0*i* Mate TC 系统编程为例，编程原点为工件右端面圆心位置），见表 2-37。

表 2-37　精车小端的加工程序

程　　序		注　　释
O0001；		
N10	T0101；	精车端面、外圆
N20	G99；	
N30	M03　S1000；	
N40	G00　X400　Z50；	
N50	Z-2.5；	
N60	X151.9　M08；	
N70	G01　X146.9　Z0　F0.12；	
N80	X110；	
N90	G00　X149.9　Z0.5；	
N100	G01　Z-15；	
N110	X147　W-1.5；	

(续)

程　序		注　释
O0001；		
N120	Z-20；	
N130	X197.38；	
N140	U2　W-1；	
N150	G00　X400　M09；	
N160	Z200　M05；	
N170	M00；	**技能大师经验谈：** 　　为了避免后面工序"精车外圆"时不方便对 φ198mm尺寸倒角，可在此工序中先行加工
N180	T0202；	精车内孔
N190	M03　S1200；	
N200	G00　X400　Z50；	
N210	X92　Z5　M08；	
N220	Z-8；	
N230	G01　X106　F0.1；	
N240	W0.2；	
N250	G00　X76；	
N260	Z-24.45；	
N270	G01　X95.5；	
N280	U-2　W1；	
N290	G00　Z-7.5；	
N300	X97.6；	
N310	G01　X96　Z-8.3；	
N320	Z-24.5；	
N330	X76；	
N340	G00　Z50；	
N350	X400　M09；	
N360	Z200　M05；	
N370	M00；	
N380	T0303；	精车端面槽内孔
N390	M03　S1000；	
N400	G00　X400　Z50；	
N410	Z0.5；	
N420	X115.63　M08；	
N430	G01　X114.03　Z-0.3　F0.06；	
N440	Z-15；	

（续）

程　序		注　释
	O0001；	
N450	Z1　F0. 2；	
N460	G00　Z50；	
N470	X400　M09；	
N480	Z200　M05；	
N490	M00；	
N500	T0306；	精车端面槽外圆
N510	M03　S1000；	
N520	G00　X400　Z50；	
N530	X102. 4；	
N540	Z-7. 5　M08；	
N550	G01　X104. 03　Z-8. 3　F0. 06；	
N560	U1. 6；	
N570	G00　Z50；	
N580	X400　M09；	
N590	Z200　M05；	
N600	M00；	
N610	T0404；	精车内孔圆弧槽
N620	M03　S800；	
N630	G00　X400　Z50；	
N640	X94；	
N650	Z-23　M08；	
N660	G01　X120　F0. 08；	
N670	X94　F0. 2；	
N680	G00　Z50；	
N690	X400　M09；	
N700	Z200　M05；	
N710	M00；	
N720	T0505；	车 M150×1-6g 外螺纹
N730	M03　S600；	
N740	G00　X400　Z50；	
N750	Z3；	
N760	X155；	
N770	G92　X149. 4　Z-17. 5　F1；	
N780	X149；	
N790	X148. 8；	

（续）

程 序		注 释
	O0001；	
N800	X148.7；	
N810	G00 X200；	
N820	Z200；	
N830	M05；	
N840	M30；	

6. 实例小结

高速切削加工薄壁类零件作为当今的先进制造技术，由于它具有高品质、高效率、低成本的特性，故在实际加工过程中得到了广泛应用。本例题选取了一件部分轴向与径向都具有薄壁特性的铸铝材料的产品作为案例，通过制订合理的工艺，选用合适的夹具与科学的加工方法，有效地控制了因切削加工导致产品内应力失衡与装夹、切削热等众多因素产生的各种变形，稳定地保障了产品加工的质量和效率。

2.4.5 难加工材料的加工特点

1. 难加工材料的特性

随着机械制造的飞速发展，对材料的质量和性能要求越来越高，特别是材料的"持久强度"显得尤为重要。常见的难加工材料，如奥氏体不锈钢、淬火钢、钛合金、高温合金和高锰钢等。此类材料具有硬度高、熔点高、耐磨性好、抗氧化和耐蚀能力强等特性，使得加工过程中切削力大、切削区温度高、切屑不容易折断、加工表面完整性差且刀具寿命短，使切削加工十分困难。

科学地说，难加工材料就是切削加工性差的材料，即硬度 >250HBW，强度 R_m >1000MPa，伸长率>80%，冲击韧度 a_K >0.98MJ/m^2，导热系数 K <41.8W/(m·℃)。

常见难加工材料的性能见表 2-38。

表 2-38 常见难加工材料的性能

类别		牌号	抗拉强度/MPa	屈服强度/MPa	硬度 HBW	备注
高锰钢		ZG120Mn13	≥6805	—	210	
高强度钢		40Cr	≥1177	>981	≥400	淬火、回火
		38CrSi	≥1226	≥1030	400	淬火、回火
		35CrMnSiA	≥1619	≥1275	400	淬火、回火
		20CrMnMo	≥1177	≥1981	285	淬火、回火
不锈钢	马氏体钢	12Cr13	589	412	187	退火
		20Cr13	648	441	197	退火
	铁素体钢	06Cr13Al	491	343		
	奥氏体-铁素体型	12Cr21Ni5Ti	589	343		
	沉淀硬化型	07Cr17Ni7Al	1138	961	388	退火

（续）

类别		牌号	抗拉强度/MPa	屈服强度/MPa	硬度　HBW	备注
高温合金	变形	GH2036	922	677	275~310	退火
		GH2135	1079	687	285~320	淬火、回火、失效
	铸造	K214	1079~1177		302~390	失效
		K441	795	569	302~390	铸态
钛合金	工业纯钛	TA1	294			退火
	α 型	TA5	687		240~300	退火
	β 型	TB2	1279			
	α+β 型	TC1	589	461	210~250	退火

2. 材料的切削加工性能指标

材料的切削加工性指标是指零件被切削加工成合格品的难易程度。它根据具体的加工对象和要求、可用刀具寿命的长短、加工表面质量的好坏、金属切除率的高低、切削功率的大小和断屑的难易程度等作为判断依据。

（1）刀具寿命指标　"刀具寿命指标"是指用刀具寿命的长短来衡量被加工材料切削加工的难易程度。在相同的切削条件下，使刀具寿命高的工件材料，其切削加工性好，或者在一定的刀具寿命下，所允许的最大切削速度高的工件材料，其切削加工性就好；反之，切削加工性就差。

（2）已加工表面质量指标衡量切削加工性　以常用材料是否容易得到所要求的"已加工表面质量"来衡量材料的切削加工性。凡是加工后能获得较高的表面质量（包括表面粗糙度、冷作硬化程度、残余应力等）的材料，切削加工性好；反之，切削加工性差。在精加工时，常以此作为加工指标。

（3）切屑控制性能指标衡量切削加工性　在加工过程中，常用这项指标来衡量材料的切削加工性。因为在这种情况下，切削的控制对人身和设备的安全影响较大，对工件的加工质量也有相当大的影响，所以，凡切屑容易被控制或折断的材料，其切削加工性就好，反之则差。

（4）以加工材料的性能指标衡量切削加工性　用加工材料的物理性能、化学性能和力学性能的高低来衡量该材料的切削加工性。工件材料切削加工性分级见表 2-39。

表 2-39　工件材料切削加工性分级

切削加工性		易切削			较易切削	
等级代号		0	1	2	3	4
硬度	HBW	≤50	>50~100	>100~150	>150~200	>200~250
抗拉强度 R_m/GPa		≤0.169	>0.169~0.44	>0.44~0.589	>0.589~0.785	>0.785~0.981
断后延长率 A（%）		≤10	>10~15	>15~20	>20~25	>25~30
冲击韧度 a_K/（MJ/m²）		≤0.196	>0.196~0.392	>0.392~0.589	>0.589~0.785	>0.785~0.981
热导率 λ/[W/(m·K)]		419~293	<293~167	<167~83.7	<83.7~62.8	<62.8~41.9

（续）

切削加工性	较难切削			难切削		
等级代号	5	6	7	8	9	9a
硬度 HBW	>250~300	>300~350	>350~400	>400~480	>480~635	>635
抗拉强度 R_m/GPa	>0.981~1.18	>1.18~1.37	>1.37~1.57	>1.57~1.77	>1.77~1.96	>1.96~2.45
断后延长率 A（%）	>30~35	>35~40	>40~50	>50~60	>60~100	>100
冲击韧度 a_K/(MJ/m^2)	>0.981~1.37	>1.37~1.77	>1.77~1.96	>1.96~2.45	>2.45~2.94	>2.94~3.92
热导率 λ/[W/(m·K)]	>41.9~33.5	<33.5~25.1	<25.1~16.7	<16.7~8.37	<8.37	

分析表的具体用法：把材料的物理性能、化学性能按表2-39查出等级代号，硬度、抗拉强度、断后延长率、冲击韧度、热导率的规定顺序排列，得到该材料切削加工性等级的数字编码代号，即可据此分析其切削加工性。

3. 难切削材料的切削特点

（1）切削力大 难切削材料大多具有较高的硬度和强度，原子密度和结合力大，抗断裂韧度和持久塑性高，在切削过程中切削力大。一般地，难切削材料的单位切削力是切削45钢的单位切削力的1.25~2.5倍。

（2）切削温度高 多数的难切削材料，不仅具有较高的常温硬度和强度，而且具有高温硬度和高温强度。因此，在切削过程中，消耗的切削变形功率大，加之材料本身的导热系数小，切削区集中了大量的切削热，形成很高的切削温度。

例如，当切削速度为75m/min时，不同材料的切削温度比切削45钢的切削温度高的情况是：TC4高435℃，GH2132高320℃，GH2036高270℃。

（3）加工硬化倾向大 一部分难切削材料，由于塑性、韧性高，强化系数高，在切削过程中切削力和切削热的作用下，产生巨大的塑性变形，造成加工硬化。无论冷硬的程度还是硬化层深度，都比切削45钢高好几倍。另外，在切削热的作用下，材料因吸收周围介质中氢、氧、氮等元素的原子而形成硬脆的表层，给切削带来很大的困难。如高温合金切削后的表层硬化程度比基体大50%~100%，高锰钢高200%，其硬化层深度达0.1mm以上。

（4）刀具磨损大 切削难切削材料的切削力大，切削温度高，刀具与切屑之间的摩擦加剧，刀具材料与工件材料产生亲和力作用，材料硬质点的存在和严重的加工硬化现象的产生，使刀具在切削过程中产生黏结、扩散、磨料、边界和沟纹磨损，而使刀具丧失切削能力。

（5）切削难处理 材料的强度高，塑性和韧性大，切削时的切屑呈带状的缠绕屑，既不安全，又影响切削过程的顺利进行，而且也不便于处理。

4. 改善难切削材料切削加工性的基本途径

改善难切削材料切削加工性的途径是多方面的，研究切削加工，只能从切削加工上去考虑，但也要因地制宜采用其他的加工工艺。即：

1）选用合理的刀具材料。

2）改善切削条件。

3）选择合理的刀具几何参数和切削用量。

4）对被加工材料进行适当的热处理。

5）重视切屑控制。

6）采用其他加工措施，如采用等离子加热切削、振动切削、电熔爆切削，都可以获得较高的切削效率。

5. 切削难加工材料的用刀具材料

从刀具材料上来说，"立方氮化硼刀具"具有目前刀具材料中最为出色的高温硬度，是加工高硬度等难加工材料的第一选择。另外，立方氮化硼烧结体也是加工高硬度钢和铸铁材料的一种很好的选择，且随着立方氮化硼含量的增加，寿命也会随之延长。目前，已开发出不使用黏结剂的 CBN 烧结体。

难加工材料中的钛和钛合金，由于化学活性较高，热传导率低，适合使用刃口锋利、热传导率高的金刚石刀具来进行切削加工。因为这种材料的刀具在刃尖滞留的热量较少，而且化学性质相对比较稳定，因此可以延长刀具寿命。而金刚石烧结体刀具同样适用于铝合金、纯铜等材料的切削加工。

除了以上两种材料外，还有新型涂层硬质合金材料，它以超细晶粒合金作为基体，选用高温硬度良好的涂层材料进行涂层处理。通过使用性能不同的涂层，几乎可以适用于各种难加工材料的切削加工。在一些性能优越的涂层材料的助力之下，这种刀具已经可以应用于高速切削加工领域。

6. 切削难加工材料的刀具形状

在车削难加工材料时，刀具的形状直接影响着刀具材料的性能能否得到了充分发挥。这里面主要包括刀具的前角以及后角和切入角等，另外还包括对刀尖进行的一些适当处理。切削难加工材料时，刀具形状最佳化可充分发挥刀具材料的加工性能，对提高产品的制造精度，延长刀具寿命都有很大影响。

在对难加工材料进行钻削加工时，由于切削热极易滞留在切削刃附近，同时排屑也很困难，因此在加工此类材料时，可适当增大钻尖角，并采用"十"字形修磨的方法，来降低切削力与切削热的产生，它可将切削与切削面的接触面积控制在最小范围之内，这对延长刀具寿命、提高切削条件十分有利。同时，为了便于排屑，通常钻头切削刃后侧设有切削液喷出口，可供给充足的水溶性切削液或雾状冷却剂等，使排屑变得更为顺畅，这种方式对切削刃的冷却效果也很理想。

7. 切削难加工材料对切削液的要求

在切削难加工材料时，有的材料硬度可能高达 60HRC 以上，其抗拉强度要比 45 钢高 3 倍左右，造成切削力高于 45 钢 200%~250%；有的材料导热系数只有 45 钢的 1/7~1/4 甚至更低，造成加工区域的热量无法快速传出，形成较高切削温度，致使切削速度得到限制；同时，部分材料本身所具有的高温硬度和高强度，造成加工过程中的切削力和切削温度居高不下。因此，在切削各种难切削材料时，必须根据待加工材料的性能和切削特点，有针对性地选用适宜的切削液，以改善难切削材料的切削加工性，从而稳定地保障产品质量与加工效率。

常用的两种难切削材料加工时切削液的选用原则：

（1）钛合金　受到钛合金变形系数与导热系数小、切削温度高、刀尖应力大、加工硬化严重等诸多因素的影响，造成切削加工此类材料时，刀具与工件容易产生振动，致使刀具容易磨损、崩刃，加工质量难以保证。为了解决此问题，可选择专用的防振刀具，并找到最佳刀片，可有效地减少刀具与工件之间产生的摩擦，同时选择正确的钛合金加工切削液进行加工冷却，可以最大限度地减少摩擦力情况的产生，稳定地保证加工质量。

（2）高温合金　用高速钢刀具切削高温合金时，由于水溶性切削液具有良好的极压润滑性、缓蚀性、冷却性和清洗性，同时，鉴于该款切削液具有极强的抗微生物分解能力，可在不同的条件下有效地降低切削温度，减轻刀具磨损，提高加工表面质量和生产率，因此可优先考虑。

而对于采用硬质合金刀具来加工高温合金时，应选用极压切削油作为切削液。如微乳切削液或者使用二氧化碳切削液，能迅速降低切削热，使刀具寿命提高400%，但是二氧化碳切削液的缺点是价格较高，使得加工成本上升。

对于镍基高温合金，应避免使用含硫的切削液，以免对工件造成应力腐蚀，降低零件的疲劳强度。使用切削液时必须充足，以免硬质合金产生裂纹。

8. 切削难加工材料对切削条件的要求

切削难加工材料时，通常只设定很低的加工条件。但随着刀具性能的提升，以及高精度数控机床和高速切削加工方式的投入使用，难加工材料的切削条件得到了很大的改善，目前已进入高速加工、刀具长寿命化时期。

切削难加工材料对切削条件的要求，主要集中在减轻刀具切削刃负荷和降低切削热这两方面。采用小切深，可以有效地减轻刀具的切削刃负荷，从而提高切削速度和进给速度；而采用间断切削，则可以避免切削热大量滞留在切削刃上，例如孔的精加工，就有用间断切削方式替代传统连续切削方式的趋势，这对于增加切削的平稳性、提高排屑性能和延长刀具寿命都更加有利。同样的加工策略也被应用在螺孔加工方面。

2.4.6　不锈钢材料的加工实例

技能大师经验谈：

1）刀具材料的选择。由于加工不锈钢零件时切削力大，加工硬化严重，切削温度高，刀具材料应尽量选择强度高、导热性好的硬质合金。

2）切削刀具应保持锋利。不锈钢的散热条件差，锋利的刀具可以最大程度地保证断屑效果，减少加工硬化现象，保证已加工表面的质量。

3）切削用量的选择。根据不锈钢材料的加工特点，在粗车时宜选用较低的转速、较大的进给量和背吃刀量来进行切削，精车时可适当提高转速，但进给量和背吃刀量不宜过小，以防止刀具在硬化层中切削，影响刀具寿命。

1. 工艺分析

（1）分析零件图　如图 2-52 所示的钢套，其材料为铬镍不锈钢，毛坯为 $\phi 62mm \times 58mm$ 实心棒料，批量生产。

（2）分析加工难点　该零件为铬镍不锈钢套，其两侧内止口的孔径、外台阶的直径公差仅为 0.04mm，$\phi 30^{+0.04}_{0}mm$，$\phi 35^{+0.04}_{0}mm$，$\phi 45^{0}_{-0.04}mm$，$\phi 60^{0}_{-0.04}mm$ 的径向以及大端面的轴向、外圆和内孔表面粗糙度为 $Ra1.6\mu m$。

（3）分析加工方案

1）确定装夹方案　精车大端：自定心卡盘夹持 $\phi 62mm$ 外圆，并保证伸出长度 20mm。编程零点设在零件右端对称中心线和轴心线上，如图 2-53 和图 2-54 所示。

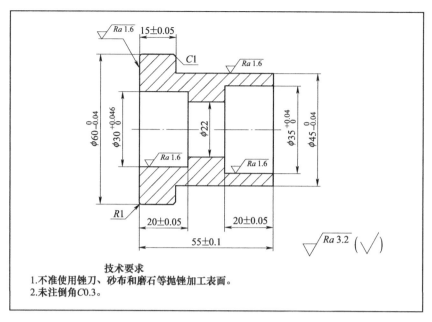

图 2-52 钢套

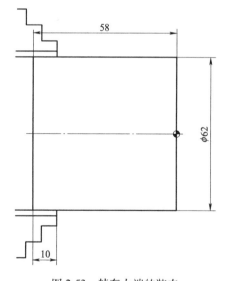

图 2-53 精车大端的装夹

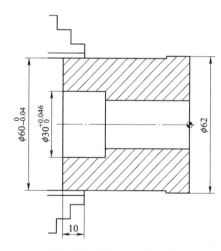

图 2-54 精车小端的装夹

2）位置点

① 换刀点：工件右端面中心点为工件坐标原点，为了防止换刀时刀具与零件（或尾座）相碰，换刀时可设置在（X200，Z100）。

② 起刀点：为了减少加工次数，对于循环的起刀点，外圆设置在（X65，Z2）处，内孔设置在（X19，Z2）处。

3）总体工序安排 从图样来分析，由于本工件的加工要素只有内孔、外圆及端面，加工要素相对简单，故其工艺安排只需要两道工序，即精车大端→精车小端。

4）工序设计

① 精车大端：粗车端面→精车端面→钻中心孔→钻孔 $\phi22$mm→粗车外圆 $\phi62$mm→粗车内孔 $\phi30$mm、$\phi22$mm→精车外圆 $\phi60_{-0.04}^{0}$mm→精车内孔 $\phi30_{0}^{+0.046}$mm→$\phi22$ mm→倒角。

② 精车小端：粗车端面→精车端面至尺寸要求→粗车外圆 $\phi45$mm→粗车内孔 $\phi35$mm→精车外圆 $\phi45_{-0.04}^{0}$mm→精车内孔 $\phi35_{0}^{+0.04}$mm→倒角。

2. 选择刀具

选定的刀具参数见表 2-40。

表 2-40　刀具参数

序号	刀具号	刀具名称及规格	数量	加工表面	刀尖圆弧半径/mm	备注
1	T0101	硬质合金可转位车刀（外圆粗车）	1	外圆	0.4	刀尖角 80°
2	T0202	硬质合金可转位车刀（$\phi16$mm 内孔粗车刀）	1	内孔	0.4	刀尖角 80°
3	T0303	A6.3mm 中心钻	1	中心孔		
4	T0404	$\phi20$mm 硬质合金钻头	1	内孔		
5	T0505	硬质合金可转位车刀（外圆精车）	1	外圆	0.4	刀尖角 80°
6	T0606	硬质合金可转位车刀（$\phi16$mm 内孔精车刀）	1	内孔	0.4	刀尖角 80°

3. 确定切削用量

该零件的切削用量见表 2-41。

表 2-41　切削用量

加工内容	背吃刀量/mm	转速/(r/min)	进给量/(mm/r)
粗车外圆	1.5	320	0.15
粗车内孔	1.5	320	0.15
钻中心孔	3.15	500	0.08
钻孔	10	420	0.12
精车外圆	0.15	460	0.1
精车内孔	0.15	460	0.1

4. 程序清单与注释

精车大端的加工程序编制见表 2-42。

表 2-42　精车大端的加工程序

程　　序		注　　释
O0001；		程序名
N10	G97　G99　G40；	恒定主轴转速，选择 mm/r 的走刀方式，取消刀尖圆弧半径补偿
N20	T0101；	调用 1# 刀 1# 刀补

（续）

程　序		注　释
	O0001；	程序名
N30	M03　S320；	主轴正转，主轴转速为320r/min
N40	G00　X65　Z0.2；	刀具快速移动到φ65m、Z轴0.2mm的安全位置
N50	M08；	开启切削液
N60	G01　X-2　F0.15；	刀具以0.15mm/r的进给量粗车端面
N70	G00　X200　Z100；	刀具快速移动到换刀点位置
N80	M05；	主轴停止
N90	M00；	程序无条件停止
N100	T0505；	调用5#刀5#刀补
N110	M03　S460；	主轴正转，主轴转速为460r/min
N120	G00　X65　Z0；	刀具快速移动到φ65m、Z轴0mm的安全位置
N130	M08；	开启切削液
N140	G01　X-2　F0.1；	刀具以0.1mm/r的进给量精车端面
N150	G00　X200　Z100；	刀具快速移动到换刀点位置
N160	M05；	主轴停止
N170	M00；	程序无条件停止
N180	T0303；	调用3#刀3#刀补
N190	M03　S500；	主轴正转，主轴转速为500r/min
N200	G00　Z2；	刀具快速移动到Z轴2mm的安全位置
N210	X0　M08；	刀具快速移动到中心位置，开启切削液
N220	G01　Z-8　F0.08；	刀具以0.08mm/r的进给量钻中心孔，孔深为8mm
N230	G00　Z2；	刀具快速移动到Z轴2mm的安全位置
N240	G00　X200　Z100；	刀具快速移动到换刀点位置
N250	M05；	主轴停止
N260	M00；	程序无条件停止
N270	T0404；	调用4#刀4#刀补
N280	M03　S420；	主轴正转，主轴转速为420r/min
N290	G00　Z2；	刀具快速移动到Z轴2mm的安全位置
N300	X0　M08；	刀具快速移动到中心位置，开启切削液
N310	G01　Z-58　F0.12；	刀具以0.12mm/r的进给量钻通孔
N320	G00　Z2；	刀具快速移动到Z轴2mm的安全位置
N330	G00　X200　Z100；	刀具快速移动到换刀点位置
N340	M05；	主轴停止
N350	M00；	程序无条件停止
N360	T0101；	调用1#刀1#刀补
N370	M03　S320；	主轴正转，主轴转速为320r/min

（续）

程　　序		注　　释
	O0001；	程序名
N380	G00　X65　Z2；	刀具快速移动到φ65m、Z轴2mm的安全位置
N390	M08；	开启切削液
N400	G01　X58.3　Z0　F0.15；	粗车外圆轮廓
N410	G03　X60.3　Z-1　R1；	
N420	G01　Z-18；	
N430	G00　X200　Z100；	刀具快速移动到换刀点位置
N440	M05；	主轴停止
N450	M00；	程序无条件停止
N460	T0202；	调用2#刀 2#刀补
N470	M03　S320；	主轴正转，主轴转速为320r/min
N480	G00　X19　Z2；	刀具快速移动到φ19m、Z轴2mm的安全位置
N490	M08；	开启切削液
N500	G71　U1.5　R0.2；	调用内孔循环指令，循环从N520开始，至N590结束，
N510	G71　P520　Q590　U-0.3　F0.15；	进给量为0.15mm/r，直径方向留精加工余量0.3mm
N520	G00　X30.6；	粗车内孔轮廓
N530	G01　Z0　F0.1；	
N540	X30　Z-0.3；	
N550	Z-20；	
N560	X22.6；	
N570	X22　W-0.3；	
N580	Z-37；	
N590	U-0.5；	
N600	G00　Z5；	安全退刀
N610	G00　X200　Z100；	刀具快速移动到换刀点位置
N620	M05；	主轴停止
N630	M00；	程序无条件停止
N640	T0505；	调用5#刀 5#刀补
N650	M03　S460；	主轴正转，主轴转速为460r/min
N660	G00　X65　Z2；	刀具快速移动到φ65m、Z轴2mm的安全位置
N670	M08；	开启切削液
N680	G01　X58　Z0　F0.1；	精车外圆轮廓
N690	G03　X60　Z-1　R1；	
N700	G01　Z-18；	
N710	G00　X200　Z100；	刀具快速移动到换刀点位置
N720	M05；	主轴停止

（续）

程　序		注　释
O0001；		程序名
N730	M00；	程序无条件停止
N740	T0606；	调用 6# 刀 6# 刀补
N750	M03　S460；	主轴正转，主轴转速为 460r/min
N760	G00　X19　Z2；	刀具快速移动到 φ65m、Z 轴 2mm 的安全位置
N770	M08；	开启切削液
N780	G70　P520　Q590；	精车内孔轮廓
N790	G00　Z5；	安全退刀
N800	G00　X200　Z100；	刀具快速移动到换刀点位置
N810	M05；	主轴停止
N820	M30；	程序结束

5. 实例小结

由于不锈钢材料具有塑性大。切削温度高、切屑不易折断等加工特性，使刀具磨损加快，造成换刀频繁现象，从而影响了生产效率，提高了制造成本。本例题主要介绍了不锈钢材料在数控车床上的加工。零件的轮廓虽然比较简单，但对于切削刀具（刀片）的选取与切削参数的制定，则需要根据现场实际情况确定。

参 考 文 献

［1］谭永刚，陈江进. 数控加工工艺［M］. 北京：国防工业出版社，2009.

［2］徐峰，苏本杰. 数控加工实用手册［M］. 合肥：安徽科学技术出版社，2010.

［3］杜军. 数控宏程序编程手册［M］. 北京：化学工业出版社，2014.

［4］晏丙午. 高级车工工艺与技能操作［M］. 北京：中国劳动社会保障出版社，2006.

［5］桂志红. 车工从技工到技师一本通［M］. 北京：机械工业出版社，2016.

［6］沈建峰，虞俊. 数控车工［M］. 北京：机械工业出版社，2006.

［7］贾军，梨胜荣. 典型零件数控车加工生产实例［M］. 北京：机械工业出版社，2011.